应用型本科高校"十四五"规划教材

Android 开发基础教程

李香春 编著

华中科技大学出版社
中国·武汉

内 容 介 绍

本书是作者根据计算机和电子信息类应用型本科人才培养的需要,结合多年的理论和实践教学经验,按照"加强基础知识和提升工程应用能力"的原则编写而成。全书编写由浅入深、案例丰富,通过讲授 Android 编程基础知识来着重提高学生的手机应用程序开发能力。

全书共分 7 章,包括 Android 简介、Android 开发平台的创建与使用、Android 的布局管理器、Android 常用基本控件及其用法、Activity 组成及其调用、Android 的高级控件,以及消息、通知与菜单等内容。为了配合理论课的教学,并帮助学生提升 Android 应用程序开发的基本技能,每一节在理论内容之后都安排有与知识点配套的实例供学生练习,既可供课堂演示又可以上机实验。

本书可供应用型本科计算机类、电子信息类专业作为 Android 手机应用程序设计或移动终端软件开发课程的教材,亦可作为高职高专院校对应课程的教材。

图书在版编目(CIP)数据

Android 开发基础教程/李香春编著. —武汉:华中科技大学出版社,2021.1
ISBN 978-7-5680-6890-1

Ⅰ.①A… Ⅱ.①李… Ⅲ.①移动终端-应用程序-程序设计-高等学校-教材 Ⅳ.①TN929.53

中国版本图书馆 CIP 数据核字(2021)第 013824 号

Android 开发基础教程　　　　　　　　　　　　　　　　　　　　　李香春　编著
Android Kaifa Jichu Jiaocheng

策划编辑:范　莹
责任编辑:陈元玉　范　莹
封面设计:原色设计
责任监印:徐　露
出版发行:华中科技大学出版社(中国·武汉)　　电话:(027)81321913
　　　　　武汉市东湖新技术开发区华工科技园　　邮编:430223
录　　排:武汉市洪山区佳年华文印部
印　　刷:武汉市首壹印务有限公司
开　　本:787mm×1092mm　1/16
印　　张:10
字　　数:243 千字
版　　次:2021 年 1 月第 1 版第 1 次印刷
定　　价:32.00 元

本书若有印装质量问题,请向出版社营销中心调换
全国免费服务热线:400-6679-788　竭诚为您服务
版权所有　侵权必究

前　言

目前 4G 移动通信网络已在我国全面普及，5G 通信网络建设也在全面铺开。随着通信网络技术的不断发展，智能手机不再只是用来进行电话交流的通信工具，而是兼具娱乐、导航、办公、上网和社交等功能的多功能机。随着智能手机功能愈来愈强大，以及 Android 手机市场占有率逐年提高，对 Android 应用程序开发人员的需求也越来越大，要求也越来越高。本书根据应用型本科人才培养要求，结合移动终端软件开发和 Android 手机应用软件开发的技术发展，依据多年的教学经验，从工程实际需要出发，合理安排知识结构，按照"加强基础知识和提升工程应用能力"的原则编写而成。全书编写由浅入深、案例丰富，通过讲授 Android 编程基础知识来着重提高学生的手机应用程序开发能力。为了配合理论课的教学，并帮助学生提升 Android 应用程序开发的基本技能，在每节理论课之后都安排有与知识点配套的实例供学生练习。

全书共分 7 章，主要内容如下。

第 1 章为 Android 简介。主要内容包括初识 Android、Android 的版本演变、Android 平台的架构体系。

第 2 章为 Android 开发平台的创建与使用。主要内容包括 Android 开发平台概述、Android 开发平台搭建、如何创建 Android 开发项目、Android 应用程序测试和 Android 应用程序项目的组成。

第 3 章为 Android 的布局管理器。主要内容包括 XML 语法规则、Android 布局管理器概述、线性布局、表格布局、相对布局、帧布局、绝对布局和布局的嵌套。

第 4 章为 Android 常用基本控件及其用法。主要内容包括 TextView(文本框)控件、EditText(输入框)控件、Button(按钮)控件、RadioButton(单选按钮)控件、CheckBox(复选框)控件、ImageView(图片)控件、时钟控件、日期和时间控件。

第 5 章为 Activity 组成及其调用。主要内容包括 Activity 简介、简单调用 Activity、调用另一个 Activity 时传递数据的方法、带返回值的 Activity 调用和 Activity 的生命周期。

第 6 章为 Android 的高级控件。主要内容包括 ScrollView(滚动视图)控件、ProgressBar(进度条)控件与 SeekBar(滑块)控件、自动完成文本控件、Spinner(下拉列表)控件、ListView(列表视图)控件、GridView(网格视图)控件和 TabHost(选项卡)控件。

第 7 章为消息、通知与菜单。主要内容包括 Toast 消息提示、Notification(状态栏)通知、Dialog(对话框)和 ContextMenu(上下文菜单)。

本书内容的安排遵循从易到难、由浅入深的原则，根据应用型本科学生的培养要求，基础理论的讲解深入浅出,并增强了应用程序的案例部分。在使用本书时,可以根据实际情况安排教学内容及教学顺序,可不受本书的约束。

本书可供应用型本科计算机类、电子信息类专业作为 Android 手机应用程序设计或移动终端软件开发课程的教材,亦可作为高职高专院校对应课程的教材。

本书由文华学院李香春编写,在本书的编写过程中,得到了文华学院各级领导的关心和指导,得到了信息学部电子与信息工程系的大力支持和帮助,在此表示衷心的感谢。

由于编者水平有限,书中的缺点和错误在所难免,敬请广大读者批评和指正,不胜感激。

作 者

2020 年 6 月

目　　录

第 1 章　Android 简介 ………………………………………………………………… (1)
　1.1　初识 Android ……………………………………………………………………… (1)
　1.2　Android 的版本演变 ……………………………………………………………… (2)
　1.3　Android 平台的架构体系 ………………………………………………………… (8)
　1.4　习题 ………………………………………………………………………………… (11)

第 2 章　Android 开发平台的创建与使用 …………………………………………… (12)
　2.1　Android 开发平台概述 …………………………………………………………… (12)
　2.2　Android 开发平台搭建 …………………………………………………………… (12)
　　2.2.1　JDK 的安装 ……………………………………………………………… (12)
　　2.2.2　Eclipse＋ADT 安装 ……………………………………………………… (15)
　2.3　如何创建 Android 开发项目 ……………………………………………………… (16)
　2.4　Android 应用程序测试 …………………………………………………………… (21)
　　2.4.1　虚拟机(模拟器)测试 …………………………………………………… (21)
　　2.4.2　真机测试 ………………………………………………………………… (24)
　2.5　Android 应用程序项目的组成 …………………………………………………… (25)
　2.6　习题 ………………………………………………………………………………… (27)

第 3 章　Android 的布局管理器 ……………………………………………………… (28)
　3.1　XML 语法规则 …………………………………………………………………… (28)
　3.2　Android 布局管理器概述 ………………………………………………………… (29)
　3.3　线性布局(LinearLayout) ………………………………………………………… (29)
　　3.3.1　线性布局(LinearLayout)简介 …………………………………………… (29)
　　3.3.2　线性布局(LinearLayout)应用举例 ……………………………………… (31)
　3.4　表格布局(TableLayout) …………………………………………………………… (32)
　　3.4.1　表格布局(TableLayout)简介 …………………………………………… (33)
　　3.4.2　表格布局(TableLayout)应用举例 ……………………………………… (33)
　3.5　相对布局(RelativeLayout) ………………………………………………………… (35)
　　3.5.1　相对布局(RelativeLayout)简介 ………………………………………… (35)
　　3.5.2　相对布局(RelativeLayout)应用举例 …………………………………… (37)
　3.6　帧布局(FrameLayout) …………………………………………………………… (38)
　　3.6.1　帧布局(FrameLayout)简介 ……………………………………………… (39)
　　3.6.2　帧布局(FrameLayout)应用举例 ………………………………………… (39)

3.7 绝对布局(AbsoluteLayout)……………………………………………………(40)
　　3.7.1 绝对布局(AbsoluteLayout)简介 ……………………………………(40)
　　3.7.2 绝对布局(AbsoluteLayout)应用举例 ………………………………(40)
3.8 布局的嵌套……………………………………………………………………(41)
3.9 习题……………………………………………………………………………(43)

第4章 Android 常用基本控件及其用法 …………………………………………(45)

4.1 TextView(文本框)控件 ………………………………………………………(45)
　　4.1.1 TextView(文本框)控件常用属性及设置方法 ………………………(45)
　　4.1.2 TextView(文本框)控件应用举例 ……………………………………(46)
4.2 EditText(输入框)控件 ………………………………………………………(47)
　　4.2.1 EditText(输入框)控件的常用属性及设置方法 ……………………(47)
　　4.2.2 EditText(输入框)控件应用举例 ……………………………………(48)
4.3 Button(按钮)控件 ……………………………………………………………(50)
　　4.3.1 Button(按钮)控件的属性及监听方法 ………………………………(50)
　　4.3.2 Button(按钮)控件应用举例 …………………………………………(52)
4.4 RadioButton(单选按钮)控件 …………………………………………………(56)
　　4.4.1 RadioButton(单选按钮)控件的属性及监听方法 ……………………(56)
　　4.4.2 RadioButton(单选按钮)控件应用举例 ………………………………(57)
4.5 CheckBox(复选框)控件 ………………………………………………………(60)
　　4.5.1 CheckBox(复选框)控件的属性及监听方法 …………………………(60)
　　4.5.2 CheckBox(复选框)控件应用举例 ……………………………………(61)
4.6 ImageView(图片)控件 ………………………………………………………(64)
　　4.6.1 ImageView(图片)控件的常用属性 …………………………………(64)
　　4.6.2 ImageView(图片)控件应用举例 ……………………………………(65)
　　4.6.3 ImageButton(图片按钮)控件 …………………………………………(66)
4.7 时钟控件………………………………………………………………………(67)
　　4.7.1 AnalogClock(模拟时钟)控件和 DigitalClock(数字时钟)控件简介 …(67)
　　4.7.2 时钟控件应用举例 ……………………………………………………(67)
4.8 日期和时间控件………………………………………………………………(68)
　　4.8.1 DatePicker(日期选择器)控件和 TimePicker(时间选择器)控件的常用属性 …(68)
　　4.8.2 DatePicker(日期选择器)控件和 TimePicker(时间选择器)控件应用举例 …(69)
4.9 习题……………………………………………………………………………(72)

第5章 Activity 组成及其调用 ……………………………………………………(74)

5.1 Activity 简介 …………………………………………………………………(74)
5.2 简单调用 Activity ……………………………………………………………(76)
　　5.2.1 简单调用 Activity 的常用方法 ………………………………………(76)

5.2.2　简单调用 Activity 应用举例 …………………………………………………… (77)

5.3　调用另一个 Activity 时传递数据的方法 ……………………………………………… (82)

　　5.3.1　Activity 传递参数的常用方法 ………………………………………………… (82)

　　5.3.2　带参数调用 Activity 应用举例 ………………………………………………… (83)

5.4　带返回值的 Activity 调用 ……………………………………………………………… (87)

　　5.4.1　带返回值的 Activity 调用方法 ………………………………………………… (87)

　　5.4.2　带返回值的 Activity 调用应用举例 …………………………………………… (88)

5.5　Activity 的生命周期 …………………………………………………………………… (92)

　　5.5.1　生命周期方法简介 ……………………………………………………………… (92)

　　5.5.2　Activity 的生命周期应用举例 ………………………………………………… (93)

5.6　习题 ……………………………………………………………………………………… (97)

第 6 章　Android 的高级控件 ……………………………………………………………… (98)

6.1　ScrollView(滚动视图)控件 …………………………………………………………… (98)

　　6.1.1　ScrollView(滚动视图)控件简介 ……………………………………………… (98)

　　6.1.2　ScrollView(滚动视图)控件应用举例 ………………………………………… (98)

6.2　ProgressBar(进度条)控件与 SeekBar(滑块)控件 ………………………………… (100)

　　6.2.1　ProgressBar(进度条)控件简介 ……………………………………………… (100)

　　6.2.2　SeekBar(滑块)控件简介 ……………………………………………………… (101)

　　6.2.3　ProgressBar(进度条)控件与 SeekBar(滑块)控件应用举例 ……………… (102)

6.3　自动完成文本控件 ……………………………………………………………………… (106)

　　6.3.1　AutoCompleteTextView 控件简介 …………………………………………… (106)

　　6.3.2　MultiAutoCompleteTextView 控件简介 ……………………………………… (107)

　　6.3.3　自动完成文本控件应用举例 …………………………………………………… (107)

6.4　Spinner(下拉列表)控件 ……………………………………………………………… (109)

　　6.4.1　Spinner(下拉列表)控件简介 ………………………………………………… (109)

　　6.4.2　Spinner(下拉列表)控件应用举例 …………………………………………… (110)

6.5　ListView(列表视图)控件 ……………………………………………………………… (113)

　　6.5.1　ListView(列表视图)控件介绍 ………………………………………………… (113)

　　6.5.2　ListView(列表视图)控件应用举例 …………………………………………… (114)

6.6　GridView(网格视图)控件 ……………………………………………………………… (117)

　　6.6.1　GridView(网格视图)控件简介 ………………………………………………… (117)

　　6.6.2　GridView(网格视图)控件应用举例 …………………………………………… (118)

6.7　TabHost(选项卡)控件 ………………………………………………………………… (122)

　　6.7.1　TabHost(选项卡)控件简介 …………………………………………………… (122)

　　6.7.2　TabHost(选项卡)控件应用举例 ……………………………………………… (123)

6.8　习题 ……………………………………………………………………………………… (130)

第7章 消息、通知与菜单 …………………………………………………… (131)

7.1 Toast 消息提示 ……………………………………………………… (131)
7.1.1 Toast 消息提示的用法简介 ……………………………………… (131)
7.1.2 Toast 消息提示应用举例 ………………………………………… (132)

7.2 Notification(状态栏)通知 ………………………………………… (134)
7.2.1 Notification(状态栏)通知简介 ………………………………… (134)
7.2.2 Notification(状态栏)通知应用举例 …………………………… (135)

7.3 Dialog(对话框) …………………………………………………… (139)
7.3.1 Dialog(对话框)简介 …………………………………………… (139)
7.3.2 Dialog(对话框)应用举例 ……………………………………… (140)

7.4 ContextMenu(上下文菜单) ……………………………………… (147)
7.4.1 ContextMenu(上下文菜单)简介 ……………………………… (147)
7.4.2 ContextMenu(上下文菜单)应用举例 ………………………… (148)

7.5 习题 …………………………………………………………………… (151)

参考文献 ………………………………………………………………… (152)

第 1 章 Android 简介

　　Android 是基于 Linux 内核的操作系统，适用于智能手机、平板电脑和智能电视等移动设备。Android 系统最初由 Android 公司设计开发，并以公司名来命名该系统，Android 一词的本意是"机器人"，来源于 1886 年发表的科幻小说《未来的夏娃》。

　　2005 年 Google 公司收购了 Android 公司，该项收购被业界认为是科技界最成功的收购案之一。两年后，2007 年 11 月 Google 公司展示了首款 Android 系统（Beta 版）。2008 年 9 月，Google 公司正式发布了 Android 1.0，之后 Google 公司陆续发布了多个版本的 Android 系统，使其逐渐成了今天风靡全球的主流操作系统之一，进而促进人类社会进入多功能的智能设备时代。

　　2007 年 11 月，Google 公司联合多家硬件制造商、软件开发商和电信运营商等组成了开放手机联盟，其成员有摩托罗拉、三星、HTC、高通、LG、T-Mobile 和中国移动等全球知名公司。随着 2008 年 10 月第一款 Android 手机的诞生，Android 系统逐渐推广到了平板电脑、智能硬件等应用领域，其市场份额也越来越大，在 Android 系统推出四年之后，其市场占有率已经跃居全球第一。

1.1　初识 Android

　　Android 系统普及速度如此之快的主要原因在于，它是第一个开放、完整、免费的移动设备操作系统平台。Android 系统主要具有以下特点。

1. 开放性

　　Android 系统平台是一个开放的移动设备平台，它允许任何移动终端设备厂商加入 Android 联盟，这样就形成一种开放式的产业结构，会吸引更多的软件开发者、移动终端设备厂商加入该联盟。随着 Android 用户和应用的逐步增加，Android 系统的功能愈发强大，系统应用软件愈发丰富，平台愈发成熟。

2. 平等性

　　在 Android 系统下的应用程序都是平等的，不管是系统提供的默认软件，还是个人或者第三方开发的应用程序，它们都是平等的，即用户可以根据自己的需要和喜好，用自己开发的或第三方提供的应用程序来替换系统的应用程序。这样，用户可以实现设计具有自己独特的界面和应用程序的个性化手机，这是其他平台的用户无法体验到的独特功能。

3. 便于开发

　　Android 系统是 Google 公司旗下的产品，作为全球市场占有率极高的手机操作系统，Android 平台下集成了很多 Google 公司开发的应用程序和服务。例如搜索引擎、Google Map、Gmail 等。Android 工程师在进行开发时，可以方便、快捷地调用 Android 系统下的库函数和开发工具进行相应的开发。例如，因为继承了 Google Map，所以 Android 系统的开发人员只需几行代码就可以实现一个简单的地图应用。

1.2 Android 的版本演变

从 2007 年 11 月 Google 公司发布 Android 系统测试(Beta)版以来，Android 系统经过不断的更新和完善，陆续发布了多个版本，每次的版本更新都会修改前一个版本的漏洞，并增设新的功能。从 Android 1.5 开始，Google 公司的工程师们开始用甜点名作为版本的名称，这些名称从大写英文字母 C 开始，并按照英文字母顺序排下去。已用的甜品名称有：Android 1.5(Cupcake)、Android 1.6(Donut)、Android 2.0～Android 2.1(Eclair)、Android 2.2(Froyo)、Android 2.3(Gingerbread)、Android 3.0～Android 3.2(Honeycomb)、Android 4.0(Ice Cream Sandwich)、Android 4.1～Android 4.3(Jelly Bean)、Android 4.4(KitKat)、Android 5.0～Android 5.1(Lollipop)、Android 6.0(Marshmallow)、Android 7.0～Android 7.1(Nougat)、Android 8.0～Android 8.1(Oreo)、Android 9.0(Pie)。但是这一命名传统在 Android 9.0(Pie)之后就不再使用，从 Android 10 开始，Android 版本名称的"甜点"时代结束了。截至目前，Android 已发行版本的主要功能如表 1-1 所示。

表 1-1 Android 已发行版本的主要功能

版本号及名称、发行时间	主 要 功 能
Android 1.5 （Cupcake） 2009 年 4 月	（1）拍摄/播放视频，并支持上传到 YouTube； （2）支持立体声蓝牙耳机，同时改善自动配对性能； （3）采用 WebKit 技术的浏览器，支持复制/粘贴和页面中搜索； （4）GPS 性能大大提高； （5）提供屏幕虚拟键盘； （6）主屏幕增加音乐播放器和相框 widgets； （7）应用程序自动随着手机旋转； （8）短信、Gmail、日历、浏览器的用户界面大幅改进，如 Gmail 可以批量删除邮件等； （9）相机启动速度加快，拍摄图片可以直接上传到 Picasa； （10）来电照片显示
Android 1.6 （Donut） 2009 年 9 月	（1）重新设计的 Android Market； （2）手势支持； （3）支持 CDMA 网络； （4）文本转语音系统(Text-to-Speech)； （5）快速搜索框； （6）全新的拍照界面； （7）查看应用程序耗电； （8）支持 VPN(虚拟私人网络)； （9）支持更多的屏幕分辨率； （10）新增面向视觉或听觉困难人群的易用性插件

续表

版本号及名称、发行时间	主 要 功 能
Android 2.0/1 (Eclair) 2009 年 10 月	(1) 优化硬件速度； (2) "Car Home"程序； (3) 支持更多的屏幕分辨率； (4) 改良的用户界面； (5) 新的浏览器用户界面和支持 HTML 5； (6) 新的联系人名单； (7) 更好的白色/黑色背景比率； (8) 改进 Google Maps 3.1.2； (9) 支持 Microsoft Exchange； (10) 支持内置相机闪光灯； (11) 支持数码变焦； (12) 改进的虚拟键盘； (13) 支持蓝牙 2.1； (14) 支持动态桌面的设计
Android 2.2 (Froyo) 2010 年 5 月	(1) 支持将软件安装至扩展内存； (2) 支持 Adobe Flash 10.1； (3) 加快了软件即时编译的速度； (4) 新增软件启动"快速"至电话和浏览器； (5) USB 分享器和 Wi-Fi 热点功能； (6) 支持在浏览器上传文档； (7) 更新 Market 中的批量更新和自动更新； (8) 增加对 Microsoft Exchange 的支持(安全政策,auto-discovery,GAL look-up)； (9) 集成 Chrome 的 V8 JavaScript 引擎到浏览器； (10) 加强快速搜索小工具； (11) 更多软件能通过 Market 更新,类似版本号 2.0/2.1 中的 Map 更新； (12) 速度和性能优化
Android 2.3 (Gingerbread) 2010 年 12 月	(1) 支持更大的屏幕尺寸和分辨率(WXGA 及更高)； (2) 系统级复制/粘贴； (3) 重新设计的多点触摸屏键盘； (4) 原生支持多个镜头(用于视频通话等)和更多传感器(陀螺仪、气压计等)； (5) 电话簿集成 Internet Call 功能； (6) 支持 NFC(近场通信)； (7) 强化电源、应用程序的管理功能； (8) 新增下载管理员； (9) 优化游戏开发支持； (10) 强化多媒体音效； (11) 从 YAFFS 文件系统转换到 Ext4 文件系统； (12) 开放了屏幕截图功能； (13) 对黑色及白色的还原更加真实

续表

版本号及名称、发行时间	主　要　功　能
Android 3.0/1/2（Honeycomb）2011 年 2 月	（1）仅供平板电脑使用； （2）Google eBooks 上提供数百万本电子书； （3）支持平板电脑大屏幕、高分辨率； （4）新版 Gmail； （5）Google Talk 视讯功能； （6）3D 加速处理； （7）增加网页版 Android Market(Web store)，使得用户在 PC 上也能浏览 Google 的电子市场，在网页端 Market 购买的应用可以直接发送下载地址到用户手机上安装； （8）新的短消息通知功能； （9）专为平板电脑设计的用户界面(重新设计的通知列与系统列)； （10）加强多任务处理的界面； （11）重新设计适用于大屏幕的键盘及复制/粘贴功能； （12）多个标签的浏览器以及私密浏览模式； （13）快速切换各种功能的相机； （14）增强的图库与快速滚动的联系人界面； （15）更有效率的 E-mail 界面； （16）支持多核心处理器
Android 4.0（Ice Cream Sandwich）2011 年 4 月	（1）统一了手机和平板电脑使用的系统，应用会自动根据设备选择最佳显示方式； （2）提升硬件的性能、优化了系统，提升了系统流畅度； （3）支持在系统中使用虚拟按键，该功能可以取代物理按键； （4）界面以新的标签页形式展示，并且将应用程序和其他内容的图标进行分类； （5）更方便地在主界面创建文件夹，并且使用"拖"、"放"的操作方式； （6）一个定制的启动器； （7）改进的可视化语音邮件的功能，加快或减慢语音邮件的速度； （8）在日历中也可以使用多点触控，进行缩放和拖曳操作； （9）新增 Gmail 离线搜索，两行预览和新的任务栏； （10）与其他第三方微博、博客类应用程序的无缝连接，实时更新的内容会被展示在主界面上； （11）Gmail 支持缩放操作，支持左拉、右拉查看操作； （12）增加截图功能(可以同时按住电源键和音量向下键进行截图操作)； （13）改进虚拟键盘会产生的误操作； （14）在锁屏状态下也可以对用户设置的某些应用程序进行操作； （15）改进的复制、粘贴功能； （16）更好的语音集成、实时录音、文本听写等语音功能； （17）脸部识别进行锁屏； （18）新标签页模式的网页浏览器，支持最多同时打开 16 个标签页；

续表

版本号及名称、发行时间	主　要　功　能
Android 4.0（Ice Cream Sandwich）2011 年 4 月	（19）自动同步用户手机中的网页书签，可以在桌面版 Chrome 和其他 Android 设备中进行同步； （20）全新的现代化 Roboto 字体； （21）内置流量监控功能，用户可以对流量进行设置，当超出设置流量时，手机会自动关闭上网功能，可以随时查看已使用和未使用的流量，并以报表的形式展现出来以帮助用户了解使用情况； （22）能够随时关闭正在使用的应用程序； （23）提升自带的相机功能； （24）内置图片处理软件； （25）新的图库软件； （26）与其他第三方应用程序进行无缝衔接，用户可以在任何界面查看到自己需要的消息和图像； （27）新的启动画面，主画面右下角类似 Tray 的图标内有多个程序可运行； （28）Google Search Bar 会设置在最上方； （29）Apps/Widgets 会类似 Honeycomb 模样； （30）增加支持硬件加速的功能； （31）Wi-Fi 直连功能； （32）支持 1080p 视频播放和录制
Android 4.1/2/3（Jelly Bean）2012 年 6 月	（1）基于 Android 4.0 进行改善； （2）"黄油"计划（Project Butter），意思是让 Jelly Bean 的体验像"黄油般顺滑"（锁定提升用户页面的速度与流畅性）； （3）"Google Now"可在 Google 日历内加入活动举办时间、地点，系统会在判断当地路况后，提前在"适当的出门时间给予通知"，协助用户准时抵达； （4）新增脱机语音输入； （5）通知中心显示更多消息； （6）更多的平板优化（主要针对小尺寸平板）； （7）强化 Voice Search 语音搜索，与 S Voice 类近，相当于 Apple Siri； （8）Google Play 增加电视视频与电影的购买； （9）提升反应速度； （10）强化默认键盘； （11）大幅改变用户界面设计； （12）更多的 Google 云集成； （13）恶意软件的保护措施，强化 ASLR； （14）Google Play 采用智能升级，更新应用只会下载有改变的部分，以节约时间、流量、电量，平均只需下载原 APK 文件大小的三分之一； （15）不会内置 Flash Player，并且 Adobe 声明停止开发，但可自行安装 APK

续表

版本号及名称、发行时间	主 要 功 能
Android 4.4 （KitKat） 2013 年 9 月	（1）支持语音打开 Google Now（在主画面说出"OK Google"）； （2）在阅读电子书、玩游戏、看电影时支持全屏模式（Immersive Mode）； （3）优化存储器使用，在多任务处理时有更佳的工作表现； （4）新的电话通信功能； （5）旧有的 SMS 应用程序集成至新版本的 Hangouts 应用程序； （6）Emoji Keyboard 集成至 Google 本地的键盘； （7）支持 Google Cloud Print 服务，让用户可以在家中或办公室中连接至 Cloud Print 的打印机，打印出文件； （8）支持第三方 Office 应用程序直接打开及存储用户在 Google Drive 内的文件，实时同步更新文件； （9）支持低电耗音乐播放； （10）全新的原生计步器； （11）全新的 NFC（近场通信）付费集成； （12）全新的非 Java 虚拟机运行环境 ART（Android Runtime）； （13）支持 MAP（Message Access Profile）； （14）支持 Chromecast 及新的 Chrome 功能； （15）支持隐闭字幕
Android 5.0 （Lollipop） 2014 年 6 月	（1）采用全新的 Material Design 界面； （2）支持 64 位处理器； （3）由 Dalvik 转用 ART（Android Runtime）编译，性能可提升四倍； （4）改良的通知界面及新增优先模式； （5）预载省电及充电预测功能； （6）新增内容自动加密功能； （7）新增多人设备分享功能，可在其他设备登录自己账号，并获取用户的联系人、日历等 Google 云数据； （8）强化网络及传输连接性，包括 Wi-Fi、蓝牙及 NFC（近场通信）； （9）强化多媒体功能，例如支持 RAW 格式拍摄； （10）强化"OK Google"功能； （11）改善 Android TV 的支持功能； （12）提供低视力的设置，以协助色弱人士； （13）改善 Google Now 功能
Android 6.0 （Marshmallow） 2015 年 5 月	（1）应用权限管理； （2）SD 卡和内置存储"合并"； （3）Android Pay； （4）原生指纹识别认证； （5）应用数据自动备份； （6）App Links（尽量减少诸如"你想要使用什么来打开这个？"的提醒）；

续表

版本号及名称、发行时间	主 要 功 能
Android 6.0（Marshmallow）2015年5月	(7)"打盹"和应用待机功能； (8)多窗口； (9)主题支持； (10) Dark 主题； (11) 可定制的 Quick Toggles 和其他 UI 调整； (12) 可视化的语音邮件支持； (13) 重新设计的时钟插件和音乐识别插件； (14) 在设置中新出现的全新"Memory"选项条目（早期版本出现，不过后来被隐藏）； (15) 在完成截图之后可以通过通知中心直接删除截图； (16) Google Now Launcher 支持横屏模式； (17) 支持带滚动条和垂直滚动条的全新应用和窗口小部件抽屉； (18) 内置的文件管理器在功能方面明显升级； (19) 支持原生点击唤醒功能； (20) 可以选择"heads up"或者"peeking"通知； (21) 原生 4K 输出支持； (22) 严格的 APK 安装文件验证； (23) 支持 MIDI； (24) USB Type-C 端口支持； (25) 全新的启动动画； (26) 引入"语音交互"API 在应用中提供更好的语音支持； (27) 可通过语音命令切换到省电模式； (28) 可以通过蓝牙键盘快捷方式来撤销和重做文本； (29) 在联系人应用中能够对已经添加的联系人进行合并、删除或者分享功能； (30) 会有针对文本选择的浮动工具栏出现，以便于更快地选择文本； (31) 默认应用的 UI； (32) 允许通过分享菜单直接分享给联系人或好友； (33) 更细化的应用程序信息； (34) 原生蓝牙手写笔支持； (35) 分屏键盘； (36) 收音机； (37) 修复 Mobile Radio Active 服务电池续航 BUG； (38) 除重复来电之外优化的勿扰模式； (39) 使用蓝牙扫描来改善定位精准度； (40) 原生 Flashlight API； (41) 更易访问并控制多个声音控制（铃声、多媒体和闹钟）； (42) 更平滑的声音滑块

续表

版本号及名称、发行时间	主　要　功　能
Android 7.0（Nougat）2016 年 5 月	（1）支持分屏多任务； （2）全新下拉快捷开关页； （3）通知消息快捷回复； （4）通知消息归拢； （5）夜间模式； （6）流量保护模式； （7）全新设置样式； （8）改进的 Doze 休眠机制； （9）系统级电话黑名单功能； （10）菜单键快速应用切换
Android 8.0（Oreo）2017 年 8 月	（1）通知中心； （2）设置菜单； （3）增加 Pinned Shortcuts 功能； （4）图标形状； （5）后台限制； （6）安装限制； （7）使用 Tensorflow Lite 方案； （8）分屏； （9）增加 Notification Dots 功能； （10）增加 Smart Text Selection 功能； （11）自动保存密码； （12）增加 Google Play Protect 应用； （13）应用加速； （14）字体优化； （15）表情符号
Android 9.0（Pie）2018 年 8 月	（1）全屏的全面支持； （2）通知栏的多种通知； （3）多摄像头的更多画面； （4）GPS 定位之外的 Wi-Fi 定位； （5）优化网络并增加神经网络； （6）Material Design 迎来 2.0 时代； （7）数字化健康； （8）自适应功能

1.3　Android 平台的架构体系

Android 系统从下到上由 Linux 内核（Linux Kernel）层、系统运行库（Libraries &

Android Runtime)层、应用程序框架(Application Framework)层、应用程序(Application)层共四个部分组成,各组成部分详见图 1-1。

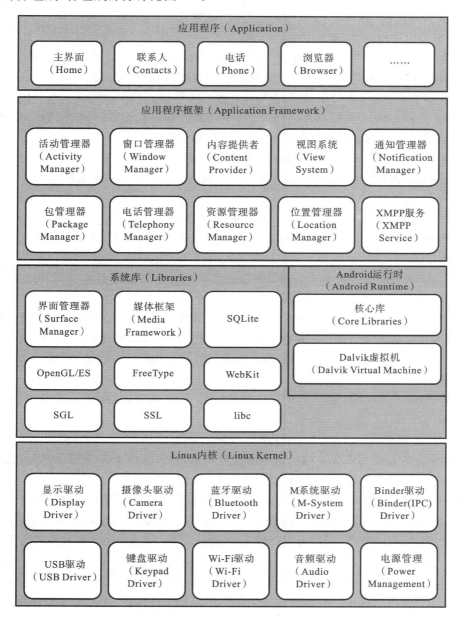

图 1-1　Android 平台架构图

各部分的具体功能介绍如下。
1. Linux 内核层

Android 平台的最底层是 Linux 内核层(Linux Kernel)。该层实际上是硬件和软件之间的抽象层,它为 Android 各种硬件设备提供了驱动,例如,显示驱动、摄像头驱动、蓝牙驱动、Wi-Fi 驱动、音频驱动等。Linux 内核层对于上一层的应用程序开发人员来说,几乎是隐身的和不可见的,上一层的开发人员只能通过某些开放的接口对硬件进行操作。因此,如果只是进行应用程序开发,则不需要深入学习 Linux 内核层。

2. 系统运行库层

系统运行库层包含两部分,分别是系统库和 Android 运行时。系统库(Libraries)多为 C/C++库,通过这些库来为 Android 应用程序开发提供功能支持,是其上一层(应用程序框架层)的基础,在其上、下两层之间起着承上启下的作用。例如,SQLite 库提供数据库的支持,Media Framework 库提供对访问音频、视频文件的支持,WebKit 库提供 Android 浏览器的支持等。该层的系统库共有九个,其主要功能分别如下。

(1) 界面管理器(Surface Manager)。界面管理器主要负责管理显示系统的访问,即管理显示与存取操作间的互动,同时也负责为应用程序提供 2D 和 3D 图形以及合成显示的支持。

(2) 媒体框架(Media Framework)。媒体框架是 Android 系统的多媒体库,支持录制和播放多种视频和音频文件,如 MPEG4、H.264、MP3 和 AAC 等。同时,它还支持静态映像文件,如 JPG、PNG 等。

(3) SQLite。SQLite 是在 Android 平台上集成的一款轻量级的关系型数据库,它占用的资源很少,适合在开发 Android 应用程序时存储数据。

(4) OpenGL/ES。OpenGL/ES 是 OpenGL 三维图形 API 的子集,专门针对手机、PAD 等嵌入式设备而设计的,它既支持 3D 硬件加速,也支持高度优化的 3D 软加速。

(5) FreeType。FreeType 是一个开源的、高度模块化的字体引擎,它提供访问多种字体格式的接口。

(6) WebKit。WebKit 是一个开源的浏览器引擎,它高效、稳定且兼容性好,可以支持 Android 浏览器和可嵌入的 Web 视图。

(7) SGL。SGL 是一个内置的 2D 图形引擎。

(8) SSL。SSL 是用来保障数据传输的安全协议,该协议位于 TCP/IP 协议与各种应用层协议之间,通过数据加密技术来确保数据在网络传输中的安全。

(9) libc。libc 包含 C 语言库函数,是为 Linux 系统定制的标准 C 系统函数库。

位于该层的 Android 运行时(Android Runtime)分为核心库和 Dalvik 虚拟机两部分。其中核心库为 Android 应用程序开发提供 Java 语言支持,即 Android 开发所用的 Java 语言的基础功能都由核心库提供,例如基础的数据结构、I/O 操作、数学运算等。Dalvik 是 Google 公司为 Android 移动设备平台开发的虚拟机,它支持.dex 格式的 Java 应用程序的运行,允许在有限的内存中同时运行多个虚拟机的实例。这样,每个 Android 应用都运行在自己独立的进程上,可以防止虚拟机崩溃的时候所有程序都被关闭。

3. 应用程序框架层

应用程序框架(Application Framework)层为其上一层,即应用程序的开发提供 API 框架。这样可以简化程序开发的架构设计,可以让开发人员直接使用这些框架来开发自己的应用程序。在使用应用程序框架进行开发时,所用的应用开发都必须遵守这个框架的开发原则,可以通过调用 Android 系统自己的功能模块来实现某项功能,也可以通过继承来扩展功能以满足开发人员的个性化需求。

应用程序框架层包含的框架有活动管理器(Activity Manager)、窗口管理器(Window Manager)、内容提供者(Content Provider)、视图系统(View System)、通知管理器(Notification Manager)、包管理器(Package Manager)、电话管理器(Telephony Manager)、资源管理器(Resource Manager)、位置管理器(Location Manager)、XMPP 服务(XMPP Service)。它们的主要功能如下。

(1) 活动管理器(Activity Manager):用来管理应用程序的生命周期,并能提供导航回退功能。

(2) 窗口管理器(Window Manager):用来管理 Android 应用程序所有的窗口。

(3) 内容提供者(Content Provider):可以让两个或多个应用程序之间互相访问或者共享数据。

(4) 视图系统(View System):用来搭建应用程序的基本组件,例如文本框、按钮、表格等。

(5) 通知管理器(Notification Manager):设置在设备状态栏中显示的提示信息。

(6) 包管理器(Package Manager):管理 Android 系统内程序包的安装、卸载和升级,即负责 Android 系统内的程序管理。

(7) 电话管理器(Telephony Manager):管理移动设备的电话信息,包括通话状态、通话记录等。

(8) 资源管理器(Resource Manager):支持访问应用程序需要的非代码资源,例如字符串、图像、音视频和布局文件等。

(9) 位置管理器(Location Manager):处理与位置相关的问题,例如位置定位和更新等操作。

(10) XMPP 服务(XMPP Service):基于 XML 的扩展协议,它可用于服务类的实时通信。

4. 应用程序层

无论是系统自带的程序还是第三方应用程序,所有安装在移动设备的应用程序都位于该层,这些应用程序都使用 Java 语言编写。

1.4 习 题

1. Android 操作系统的主要特点是什么?
2. Android 的系统架构可以分为几层?每层的主要功能是什么?

第 2 章 Android 开发平台的创建与使用

Android 应用程序开发通常是在 Android 开发平台上进行的,因此,熟练掌握开发平台是进行 Android 应用程序开发的基础。本章首先介绍常用的 Android 开发平台的安装和使用方法,然后以一个简单的 Android 开发项目为例向读者演示 Android 应用程序的创建过程,并简要说明 Android 应用程序的测试方法,最后介绍 Android 应用程序的组成部分。

2.1 Android 开发平台概述

常用的 Android 开发平台有两种,分别是 Eclipse+ADT 和 Android Studio。其中 Eclipse 最初是由 IBM 公司开发的跨平台的自由集成开发环境(IDE),主要用来开发 Java 语言。Eclipse 实质上是一个能支持安装多种不同插件的框架平台,通过安装不同的插件,可以支持不同的计算机语言。ADT 是英文 Android Development Tools 的缩写,是 Google 公司推出的插件,它可以添加在 Eclipse 中用来搭建 Android 开发环境,在此平台上可以进行 Android 应用程序的开发和调试。

Android Studio(AS)是 Goolge 公司推出的 Android 集成开发工具,它基于 IntelliJ IDEA,它为开发工程师们提供了集成的 Android 开发工具,以便进行应用程序的开发和调试。自 Android 5.0 之后,Google 公司就不再更新 ADT 插件了,因此,想要使用 Android 5.0 之后的新版 Android 特性,只能在 Android Studio 平台上来开发应用程序。

本书主要针对 Android 的初学者编写,Android 5.0 以下的功能就能满足初学者的需求。另外,ADT 的项目管理相对简洁且容易上手,比较适合初学者。本书的 Android 应用程序项目都是在 Eclipse+ADT 平台上开发的,对 Android Studio 感兴趣的读者可以自学并使用之,然后将在 Eclipse+ADT 平台中开发的程序移植到 Android Studio 平台上。

2.2 Android 开发平台搭建

2.2.1 JDK 的安装

由于 Android 开发平台使用的主要语言是 Java 语言,因此在搭建开发平台之前要先安装 JDK。JDK 是 Java 语言的软件开发工具包 Java Development Kit 的缩写,它是 Java 运行环境的核心部分,它主要由 Java 运行时环境和 Java 工具组成。JDK 软件可以通过 Oracle 公司的官方网站上下载获取,下载安装文件时请注意选择与 Windows 平台兼容的安装文件,计算机 Windows 平台的配置信息,可以在"控制面板"查看。安装文件下载之后,可以参考以下步骤来安装。

(1) 运行已下载的安装程序,建议安装路径不要使用默认路径,安装路径的名字不宜有空格。JDK 软件安装过程中一般会询问是否安装 JRE(Java 程序的运行环境),直接选择安装即可。

(2) 软件安装完成后,还需对环境参数进行配置。同时按住键盘上的"Windows 键"和"Pause 键",会在屏幕上弹出有关计算机基本信息的窗口,如图 2-1 所示。单击屏幕左侧的"高级系统设置"选项,会弹出"系统属性"窗口,如图 2-2 所示。

图 2-1 计算机基本信息的窗口

图 2-2 "系统属性"窗口

（3）在弹出的"系统属性"窗口中点击"高级"选项卡,再单击"环境变量"按钮,会弹出如图 2-3 所示的"环境变量"对话框。

图 2-3　"环境变量"对话框

（4）在"11878 的用户变量"一栏下单击"新建"按钮（已在图 2-3 中标出）,在新弹出的"新建用户变量"对话框的"变量名"一栏中命名新变量为"JAVA_HOME",其变量值就是 JDK 软件安装的目录,如图 2-4 所示。然后单击"确定"按钮,新的环境变量"JAVA_HOME"的设置就完成了。

（5）在图 2-3 的"系统变量"一栏中选择"Path"变量,然后单击"编辑"按钮,会弹出"编辑环境变量"对话框,点击右上角的"新建"按钮,会出现文本框,在文本框中键入"%JAVA_HOME%\bin",然后点击"上移"按钮将其移动到顶端,如图 2-5 所示。单击图 2-5 中的"确定"按钮,再单击图 2-3 中的"确定"按钮,然后单击图 2-2 中的"确定"按钮,系统环境变量的设置即可完成。注意,在设置过程中要严格区分大小写。

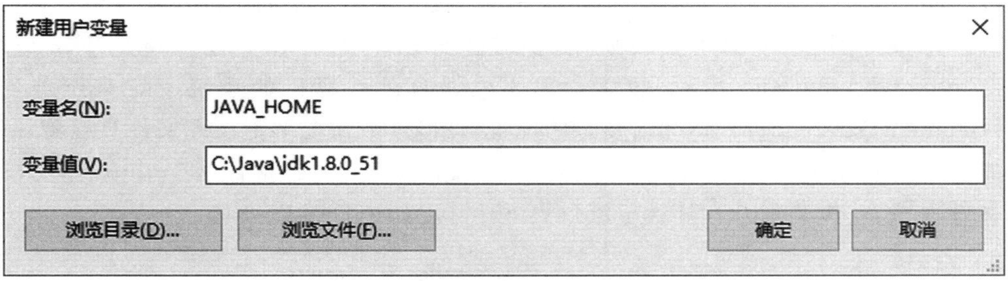

图 2-4 "新建用户变量"对话框

图 2-5 "编辑环境变量"对话框

2.2.2 Eclipse+ADT 安装

在早期的 Eclipse+ADT 模式下,用户需要分别下载 Eclipse 软件、SDK(软件开发工具包)和 ADT 插件,并且整个安装过程较复杂,初学者可能会花费较长时间来安装开发环境。

而 ADT Bundle 把 Eclipse、SDK 和 ADT 集合在一起,是集成化的 Android 开发环境,只需配置好 Java 的开发环境即可安装使用,比较适合初学者。ADT Bundle 的下载地址是 http://adt.android-studio.org/,初学者需要根据自己计算机的系统配置来下载安装。ADT Bundle 的安装相对简单,无需复杂的配置参数,多数情况下把压缩文件直接解压缩会得到如图 2-6(a)所示的目录结构,进入 eclipse 文件夹,双击圆形图标"eclipse"(见图 2-6(b))即可进入 ADT 集成开发环境中进行 Android 应用项目的开发。

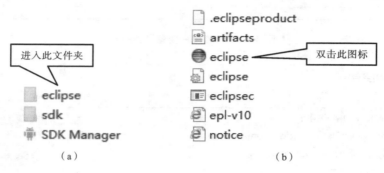

图 2-6 解压缩后 ADT Bundle 的文件目录

2.3 如何创建 Android 开发项目

在第 2.2 节中成功搭建了 Android 应用程序的开发平台。本节就可以系统学习如何创建一个 Android 应用项目,这将是初学者的第一个 Android 项目,可以把它命名为"HelloWorld"。

首先双击图 2-6(b)中的"eclipse"图标,会弹出一个对话框,如图 2-7 所示。要求输入工作目录,读者可以自行命名目录,之后单击"OK"按钮,即进入 ADT 集成开发环境。

然后单击图 2-7 中的"OK"按钮后,会进入 ADT 的集成开发环境,如果是首次使用 ADT,则会弹出对话框征求用户是否愿意参与用户的调查统计,用户可根据自己的喜好自行决定;如果不是初次使用该软件,则会直接进入集成开发环境的工作台界面,如图 2-8 所示。

在图 2-8 中,工作台界面由菜单栏、工具栏、透视图工具栏、包资源管理器、编辑器、大纲视图和控制台七大模块组成,这些模块的主要功能如下。

(1) 菜单栏:位于 Eclipse 工作台的上面,它包含实现 Eclipse 各项功能的命令,并且这些命令与编辑器的内容相关。

(2) 工具栏:位于菜单栏下面,主要是向用户提供最常用功能的快捷按钮,并且用户可以定制工具栏的内容。

(3) 透视图工具栏:位于工具栏的右边,该栏包含已经打开的透视图的缩略按钮。

(4) 包资源管理器:位于工作台的左边、工具栏的下面,该管理器主要用于浏览 Android 项目结构中的各种元素,以及包、类和类库的应用等。

(5) 编辑器:位于包资源管理器的右边、工具栏的下面,工作台中的所有视图共享同一

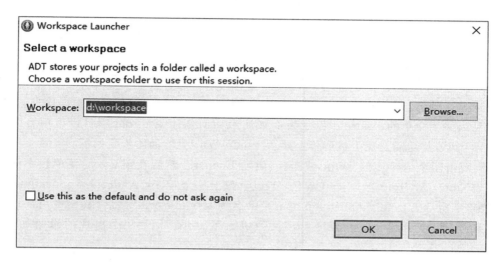

图 2-7　创建工作目录

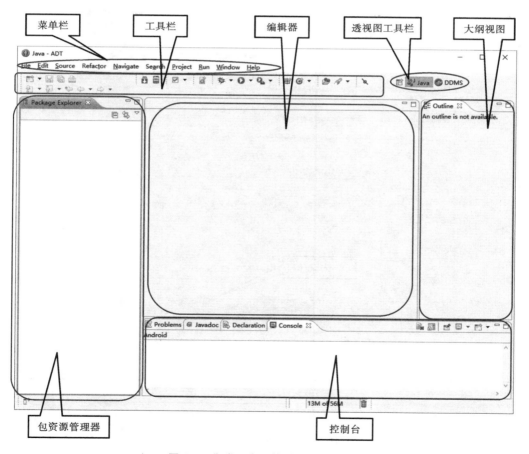

图 2-8　集成开发环境的工作台界面

组编辑器,它允许用户打开、编辑和查看文档。

(6) 大纲视图:位于工作台的右边,显示处于活动状态的编辑器中已经打开文件的概要(如使用的函数、变量等)。单击大纲视图列表中的元素,可以帮助用户在编辑器中快速定位。

(7) 控制台:位于编辑器的下面,包资源管理器的右边。控制台会显示代码的错误、提示信息以及警告信息等,并且程序运行时控制台视图会输出相应的提示及错误信息。

最后以一个简单的 Android 程序为例来演示如何创建 Android 项目。该项目名称为"HelloWorld",其功能是在手机屏幕上显示"Hello World!",具体步骤如下。

(1) 双击图 2-6(b)中的"eclipse"图标,启动 Eclipse。然后在图 2-8 的菜单栏中依次选择 File→New→Android Application Project,会弹出一个"New Android Application"对话框,如图 2-9 所示。在给"Application Name"命名为"HelloWorld"之后,其余空白待填充部分会自动填满,单击图 2-9 中的"Next"按钮进入下一步。图 2-9 中出现的术语如表 2-1 所示。

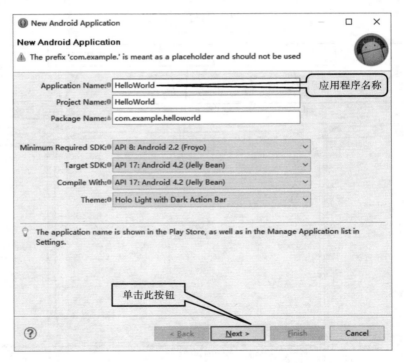

图 2-9 "New Android Application"对话框

表 2-1 "New Android Application"对话框中的术语说明

名称	说明
Application Name	用户可以看到的应用程序名称
Project Name	在 Eclipse 中显示的项目名称
Package Name	应用程序包的名称,具有唯一性

续表

名称	说明
Minimum Required SDK	对 Android SDK 要求的最低版本
Target SDK	已经测试过的最高版本
Compile With	编译时应用程序平台的版本
Theme	指定该程序使用的 Android UI 风格，一般使用默认设置

（2）点击图 2-9 中的"Next"按钮后显示的对话框如图 2-10 所示。在此步骤中直接保留默认选项，然后单击"Next"按钮即可。

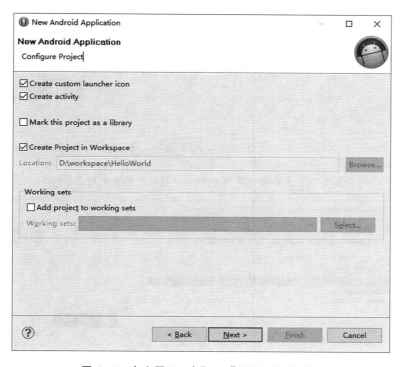

图 2-10　点击图 2-9 中"Next"后显示的对话框

（3）点击图 2-10 中的"Next"按钮后显示的对话框如图 2-11 所示。在此步骤中，用户可以为应用程序创建图标，ADT 会自动根据屏幕分辨率生成合适的图标。如果用户采用默认选项，单击"Next"按钮即可进入下一步骤。

（4）点击图 2-11 中的"Next"按钮后显示的对话框如图 2-12 所示。在此步骤中用户为创建的应用程序选择一个模板，对于初学者来说，一般选择"Blank Activity"，然后单击"Next"按钮。

（5）点击图 2-12 中的"Next"按钮后显示的对话框如图 2-13 所示。在此步骤中用户可以选择更改"Activity Name"和"Layout Name"，也可以不更改这两个名称而使用默认设置。最后点击"Finish"按钮即可完成设置。

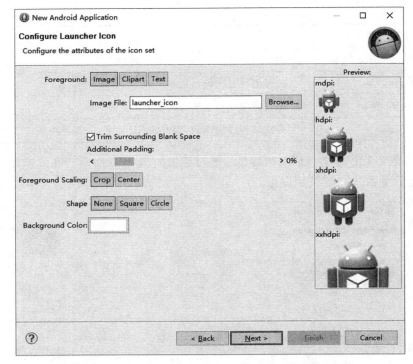

图 2-11　点击图 2-10 中的"Next"按钮后显示的对话框

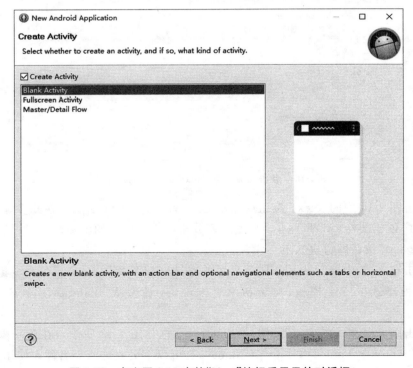

图 2-12　点击图 2-11 中的"Next"按钮后显示的对话框

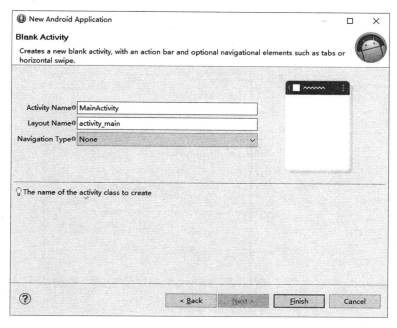

图 2-13　点击图 2-12 中的"Next"按钮后显示的对话框

2.4　Android 应用程序测试

完成第 2.3 节中的所有步骤之后,一个简单的 Android 应用程序项目已经创建完成,这些项目需经过测试后才可以运行。应用程序需要测试运行的环境,根据使用设备的不同,Android 应用程序测试可以分为虚拟机(模拟器)测试和真机测试两类。这两类测试方法的详细操作过程如下。

在"包资源管理器"区中的顶部依次点击"HelloWorld"→"src"→"com.example.helloworld"→"MainActivity.java",具体见图 2-14 中的左侧画圈处。在"编辑器"区域打开"MainActivity.java",然后在菜单栏中依次点击"Run"→"Run"。这时,如果用户的手机没有连接计算机,屏幕上会弹出提示信息来询问用户是否需要添加 Android 虚拟设备,具体见图 2-15。

如果用户需要用 Android 虚拟机(模拟器)测试,则单击图 2-15 中的"Yes"按钮。如果用户需要使用 Android 真机测试,则需要用户的手机和计算机连接。

2.4.1　虚拟机(模拟器)测试

用户进行 Android 应用程序的测试时,借助 Android SDK 自带的虚拟机(模拟器)可以不使用手机也能开发、预览和测试 Android 应用程序。Android 虚拟机(模拟器)既可以在运行时添加,也可以在 ADT 工作台的菜单栏中依次点击"Window"→"Android Virtual Device Manager"直接打开"Android Virtual Device Manager"窗口,如图 2-16 所示。

如果用户曾经创建过虚拟机(模拟器),那么在图 2-16 所示的窗口中会有对应的虚拟机

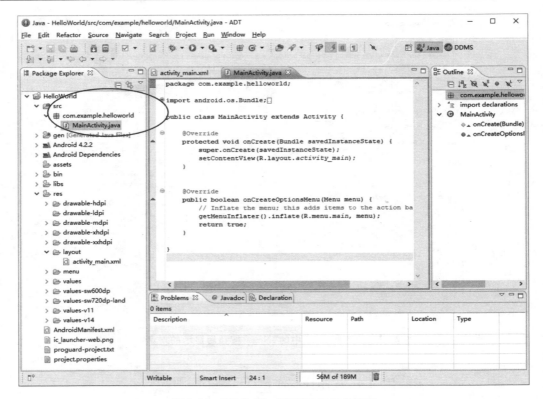

图 2-14 "HelloWorld"项目工作台界面

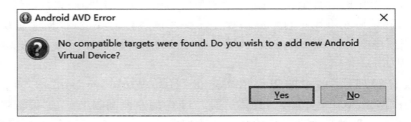

图 2-15 询问用户是否需要添加 Android 虚拟设备

（模拟器）列表，此时"Edit"、"Delete"、"Repair"、"Details"和"Start"按钮都会被激活，也可以进行相应的操作。如果用户没有创建过 Android 虚拟机（模拟器），那么窗口中的列表是空的，此时只有"New"按钮处于激活状态。单击"New"按钮会弹出创建新的虚拟机（模拟器）设备的对话框如图 2-17 所示，在该对话框中用户需要设置以下参数。

(1) AVD Name，用户给虚拟机（模拟器）设备取的名字。

(2) Device，虚拟机（模拟器）支持的手机设备的型号，用户可以根据需要自行选择。

(3) Target，虚拟机（模拟器）Android 操作系统的版本。

(4) CPU/ABI，由 Target 选项确定的系统映像，用户无法自行设置。

(5) Keyboard，如果勾选此项，虚拟机（模拟器）界面会显示模拟的硬件键盘。

(6) Skin，如果勾选此项，虚拟机（模拟器）界面会带有硬件控制功能。

第 2 章　Android 开发平台的创建与使用

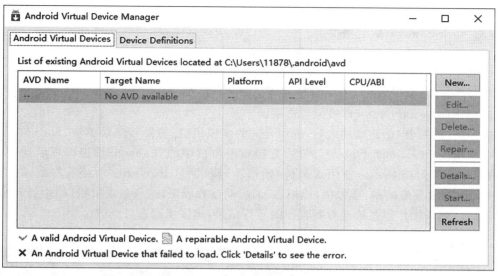

图 2-16 "Android Virtual Device Manager"窗口

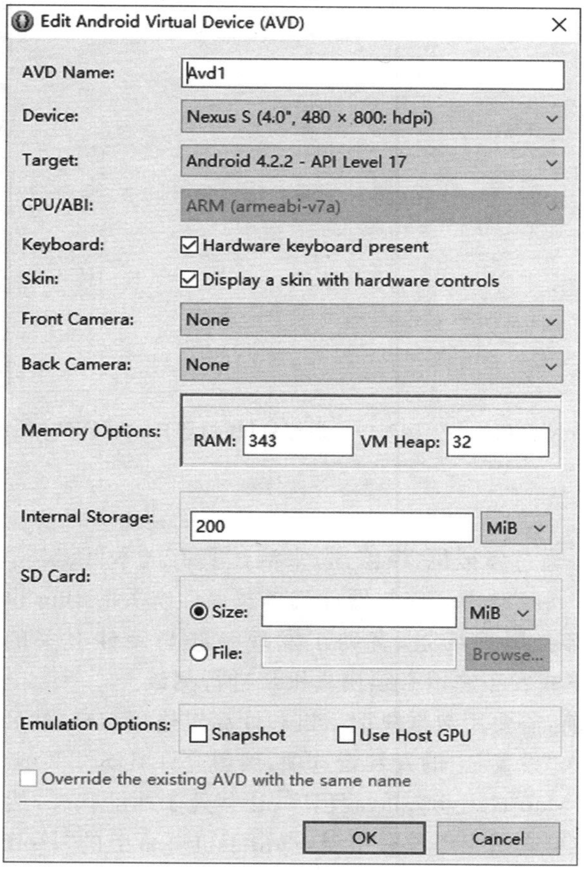

图 2-17 创建新的虚拟机设备的对话框

(7) Front Camera,前置摄像头。
(8) Back Camera,后置摄像头。
(9) Memory Options,设置缓存和虚拟内存区的容量。
(10) Internal Storage,内存的容量设置。
(11) SD Card,设置 SD 卡的容量或者选择已经存在 SD 卡的文件。
(12) Emulation Options,模拟器选项。

虚拟机(模拟器)创建成功之后,选择合适的虚拟机(模拟器),然后单击"Start"按钮,屏幕上会弹出一个"Launch Option"窗口,直接点击窗口中的"Launch"按钮即可启动虚拟机(模拟器),如图 2-18 所示。使用虚拟机(模拟器)测试"HelloWorld"应用程序的结果如图 2-19所示。需要提醒的是,虚拟机(模拟器)的启动过程较慢,这也是虚拟机(模拟器)测试的主要缺点。如果用户想要快速看到程序的运行结果,建议使用真机测试。

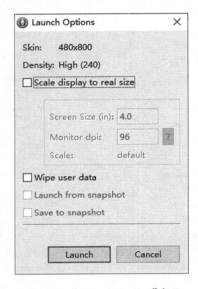
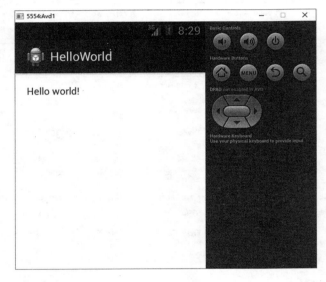

图 2-18 "Launch Option"窗口   图 2-19 虚拟机(模拟器)测试"HelloWorld"应用程序的结果界面

2.4.2 真机测试

Android 应用程序通过虚拟机(模拟器)来测试具有成本低、灵活方便的优点。但是其缺点是测试速度较慢,同时对于一些与硬件或者兼容性有关的 Bug 也不易发现。真机测试的运行速度快,更加符合用户场景,有助于发现一些与硬件有关的兼容性问题。因此,Android 应用程序在正式发布之前必须用真机来进行测试。

在用真机测试之前,需要用数据线把手机和计算机连接起来,然后点击手机的"设置"图标进行设置。首先进入"设置"中的开发者选项,然后允许"USB"调试。参数设置完成后,在"编辑器"窗口中打开"MainActivity.java"程序,让其处于活动状态,然后在菜单栏中依次点击"Run"→"Run"。如果应用程序没有错误,点击手机屏幕上的"HelloWorld"图标,该应用程序就会被执行,在手机屏幕上会出现"Hello world!"这一行字,运行结果如图 2-20 所示。

真机测试需要注意以下几点。

图 2-20 "HelloWorld"程序运行结果

(1) 真机测试之前要关闭虚拟机(模拟器),否则系统会报错。
(2) 真机测试要注意系统硬件的兼容性问题。
(3) 真机测试可以测试在虚拟机(模拟器)测试中无法解决的传感器、相机、定位、电池等应用问题。

2.5 Android 应用程序项目的组成

在第 2.3 节中详细讲述了如何创建一个 Android 应用程序项目,本节在其基础上介绍 Android 应用程序的组成,让读者熟悉项目的结构,并为后续学习 Android 应用程序开发打下基础。

将图 2-14 中工作台左侧的"包资源管理器"部分展开,可看到 Android 应用程序的文件结构,具体如图 2-21 所示。下面分别介绍图 2-21 中的每个文件夹和文件的主要作用。

(1) src,主要用来存放 Android 应用程序的源代码资源,其下的打包文件"com.example.helloworld"为应用程序包,而"MainActivity.java"为应用程序的 Java 源代码,其中 MainActivity 是 Java 源代码文件中的类。src 文件夹中的应用程序包和 Java 源代码文件都是在项目创建过程中设置好的,而后由集成开发环境自动生成。

(2) gen,全称是"Generated Java Files",由其英文含义可知,这是一个由系统自动生成的文件夹,禁止修改。将该文件夹展开,会有"BuildConfig.java"和"R.java"两个 Java 文件,其中"BuildConfig.java"的作用是方便开发人员调试时使用,工作在 Debug 模式;而"R.java"文件会为 res 文件夹中的每一个资源自动生成一个唯一的 ID,当 res 文件夹中的资源发生变化时,系统会自动修改"R.java"中对应资源的 ID。

(3) Android 4.2.2,该文件夹中含有一个名为"Android.java"的文件,是为开发人员提供的一个类包,由创建项目时选定的 Android 版本决定。

（4）Android Dependencies，这是 ADT 用来引用第三方库的方式，当开发人员需要引用第三方库时，只需要在项目中新建一个"libs"的文件夹，然后将所有第三方包拷贝到该文件夹下，ADT 会自动完成库的调用。

（5）assets，存放外部资源的文件夹，例如文本文件、视频文件、MP3 音频等媒体文件。该部分的资源以原始的格式保存起来，只能在应用程序中通过编程读取，并且可以与应用程序打包在一起，但是不会在 R.java 文件中注册 ID。

（6）bin，用来存放编译后的文件。

（7）libs，用来放置第三方的 jar 包，但在最新版本的 ADT 中会将这些第三方包放置在 Android Dependencies 中。

（8）res，该文件夹用来存放各种资源文件，与 assets 文件夹不同的是，res 文件夹中的每个资源都会在 R.java 文件中注册并自动生成一个唯一的 ID 号。在 res 文件夹下有很多的子文件夹，开发者常用的有"drawable"系列、"layout"和"values"三种文件夹，其主要功能如下。

① drawable 系列文件夹，该文件夹包含 5 个子文件夹，用来存放应用程序用到的不同分辨率的图片资源。由于 Android 手机型号众多，分辨率也不尽相同，如果开发人员只准备了一种分辨率的图片，有可能会导致图片无法正常显示，所以同一图片需要准备多种分辨率的不同版本。

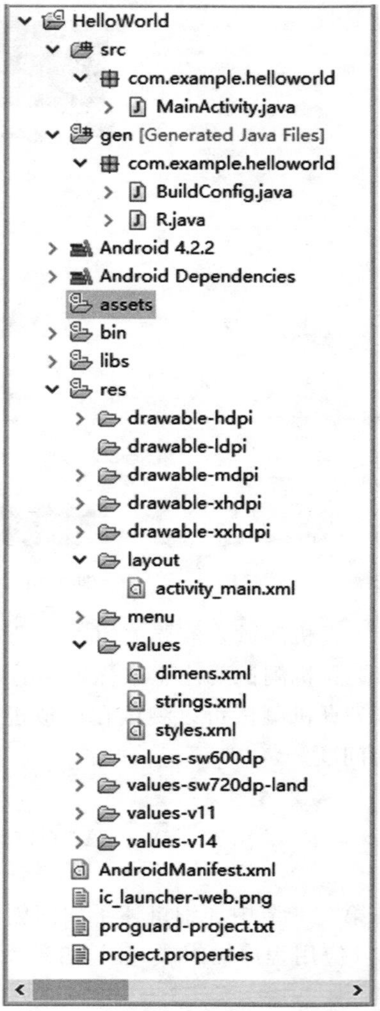

图 2-21 Android 项目的文件结构

② layout 文件夹，用来存放 Activity 的布局文件。在一个 Android 应用程序中，可能会有多个 Activity，那么每个 Activity 都有一个布局文件与之相对应。布局文件的后缀是.xml，它主要用来控制 Activity 中每个控件的位置、大小和字体等参数。该目录下默认会有"activity_main.xml"文件，它是与 src 文件夹中的"MainActivity.java"相对应的布局文件。

③ values 文件夹，该文件夹下包含 3 个子文件，用来存放应用程序中需要使用的一些资源。其中，"dimens.xml"用来存放尺寸值；"strings.xml"用来存放字符串的值；"styles.xml"用来存放字体等样式值。

（9）AndroidManifest.xml，是每个 Android 应用程序必需的配置文件。这个文件非常重要，需要配置的内容也很多，但对于初学者来说，可以暂时不予关注。

（10）ic_launcher-web.png，是 GooglePlay 上的图标。

（11）proguard-project.txt 和 project.properties 是防反编译和混淆文件。

2.6 习　　题

1. 去相关网站上下载 JDK 和 ADT Bundle，然后在个人计算机上搭建 Android 开发平台。

2. 创建一个简单的 Android 项目，要求能在手机屏幕上显示一行字，例如"I love Android"。

3. 如何存放 Android 项目中的外部资源和内部资源？"res"文件夹下的子文件夹是如何划分功能的？

第 3 章   Android 的布局管理器

在 Android 应用程序开发中，用户界面(UI)的设计是一个不可忽视的要素，好的用户界面不仅可以让用户赏心悦目，还能让软件的操作变得简单、易用，并能充分体现软件的个性和特点。在 Android 应用程序设计中，每个 Activity(可以简单地理解为每个界面)都有一个 Java 代码文件和一个 XML 文件与之对应。其中 XML 文件用来描述用户界面，所以初学者需要掌握简单的 XML 文件的语法规则，同时还要系统地掌握 Android 的布局管理器。本章首先简单介绍 XML 文件的语法规则，然后重点介绍 Android 的五大布局方式，即线性布局(LinearLayout)、表格布局(TableLayout)、相对布局(RelativeLayout)、帧布局(FrameLayout)和绝对布局(AbsoluteLayout)。

3.1   XML 语法规则

XML 的语法规则很简单，且逻辑性较强。因此 XML 语法规则易学，也容易使用。主要规则如下。

(1) XML 语法中的标签都是成对出现的，每个标签都必须有开始标签和结束标签，两个标签之间的部分称为标签体。

(2) XML 语法的标签对大小写敏感。

(3) XML 语法必须被正确嵌套。

(4) XML 语法的属性值必须加引号。

(5) XML 语法中的元素命名不能以数字或者标点符号开始，不能包含空格和冒号。

(6) XML 语法用"<！--注释内容-->"来给文件加注释，注意注释不能嵌套。

第 2 章的"HelloWorld"项目中的 XML 文件"activity_main.xml"如图 3-1 所示，其中的属性值、元素名、标签等已标出。

图 3-1   "activity_main.xml"文件代码

3.2 Android 布局管理器概述

Android 布局管理器通常简称为布局。它相当于一个容器,用来存放控件(在 Android 中,文本或者按钮都属于控件)或者嵌套其他的布局。Android 布局与控件的关系如图 3-2 所示。

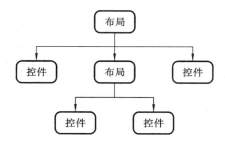

图 3-2 Android 布局与控件的关系

Android 的布局管理器在使用时需要设置它的参数,如果是在 XML 文件代码中,还需要设置对应的属性值;如果是在 Java 代码中修改参数,那就需要设置对应的方法。Android 布局管理器的基本属性名称和功能描述及其对应的方法如表 3-1 所示。

表 3-1 Android 布局管理器的基本属性名称和功能描述及其对应的方法

属 性 名 称	功 能 描 述	对应的方法
android:layout_width	设置视图宽度。当其值为 match_parent 时,将强制扩展构件以使其尽可能地填充布局空间;当其值为 wrap_content 时,将依据构件的大小来分配布局空间	
android:layout_height	设置视图高度。其值可为 match_parent 和 wrap_content	
android:id	给当前的构件设置一个唯一的 ID	setId(int)
android:text	设置显示的文本内容	setText(string)
android:padding	设置上、下、左、右的边距	setPadding(int,int,int,int)
android:background	设置背景颜色或图片	setBackgroundResoure(int)

3.3 线性布局(LinearLayout)

线性布局(LinearLayout)是 Android 应用程序开发中最常用、最简单的布局之一。它对存放其中的控件或布局采用的是水平线性排列或者垂直线性排列的管理模式。

3.3.1 线性布局(LinearLayout)简介

在线性布局(LinearLayout)中,采用水平或者垂直的方式来排列元素。可以通过设置

android:orientation 属性值来规定其排列方式,当 android:orientation 的属性值为 horizontal 时,布局中的元素是水平(横向)排列的,所有元素在同一行,并且共用一个行高,具体如图 3-3 所示;当 android:orientation 的属性值为 vertical 时,布局中的元素是垂直(纵向)排列的,所有元素在同一列,并且共用一个列宽,具体如图 3-4 所示。线性布局(LinearLayout)中常用的属性名称和功能描述及其对应的方法如表 3-2 所示。

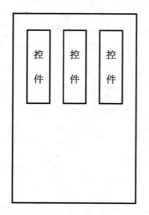
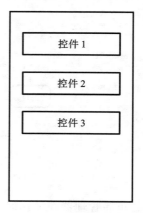

图 3-3　水平排列　　　　　　　图 3-4　垂直排列

表 3-2　线性布局(LinearLayout)的常用属性名称和功能描述及其对应的方法

属性名称	功能描述	对应的方法
android:orientation	设置线性布局的方向	setOrientation(int)
android:gravity	设置元素内部的对齐方式	setGravity(int)

表 3-2 中 android:orientation 的取值有水平(horizontal)和垂直(vertical)两种,这两种排列方式分别如图 3-3 和图 3-4 所示。android:gravity 的属性可设置多种参数值,具体如表 3-3 所示。

表 3-3　android:gravity 的属性值及含义

属性值	含义
top	控件大小保持不变,将对象对齐到顶部
bottom	控件大小保持不变,将对象对齐到底部
left	控件大小保持不变,将对象对齐到左侧
right	控件大小保持不变,将对象对齐到右侧
center	控件大小保持不变,将对象放置到容器的中心
center_vertical	控件大小保持不变,将对象放置到纵向的中心
center_horizontal	控件大小保持不变,将对象放置到横向的中心
fill	将对象的横向和纵向同时拉伸并充满整个容器
fill_vertical	将对象的纵向拉伸并充满整个容器
fill_horizontal	将对象的横向拉伸并充满整个容器

3.3.2 线性布局(LinearLayout)应用举例

本节将列举一个例子说明如何通过线性布局(LinearLayout)及其嵌套来实现一个简单的登录界面。此例中,需要用到两个 TextView(文本框)控件、两个 EditText(输入框)控件和一个 Button(按钮)控件。由于并不激活 Button(按钮)控件,因此在此例中,只需修改 XML 代码即可。首先打开集成开发环境 ADT,创建一个新的名为"Chap3_1"的项目,然后修改文件夹中主布局文件"activity_main.xml",其代码如下:

```
1  <LinearLayout xmlns:android="http://schemas.android.com/apk/res/android"
2      xmlns:tools="http://schemas.android.com/tools"
3      android:orientation="vertical"
4      android:layout_width="match_parent"
5      android:layout_height="match_parent"
6      android:paddingBottom="@dimen/activity_vertical_margin"
7      android:paddingLeft="@dimen/activity_horizontal_margin"
8      android:paddingRight="@dimen/activity_horizontal_margin"
9      android:paddingTop="@dimen/activity_vertical_margin">
10     <LinearLayout
11         android:orientation="horizontal"
12         android:layout_width="match_parent"
13         android:layout_height="wrap_content"
14         >
15         <TextView
16             android:id="@+id/text_View1"
17             android:layout_width="wrap_content"
18             android:layout_height="wrap_content"
19             android:text="@string/text1"/>
20         <EditText
21             android:id="@+id/account"
22             android:layout_width="match_parent"
23             android:layout_height="wrap_content"/>
24     </LinearLayout>
25     <LinearLayout
26         android:orientation="horizontal"
27         android:layout_width="match_parent"
28         android:layout_height="wrap_content">
29         <TextView
30             android:id="@+id/text_View2"
31             android:layout_width="wrap_content"
32             android:layout_height="wrap_content"
33             android:text="@string/text2"/>
34         <EditText
35             android:id="@+id/password"
36             android:layout_width="match_parent"
37             android:layout_height="wrap_content"/>
38     </LinearLayout>
39     <Button
40         android:id="@+id/button1"
41         android:layout_width="wrap_content"
42         android:layout_height="wrap_content"
43         android:text="登录"
44         android:layout_gravity="center"/>
45 </LinearLayout>
```

上述代码说明如下。

第1～9行:其中第3行是声明一个纵向布局;第4～5行是定义该布局充满整个容器;第6～9行为组件的下、左、右、上四边设置内边距。

第10～24行:大布局中嵌入一个横向的线性布局。第11行定义该布局为横向布局;第12行定义该布局的宽度填满空间;第13行定义该布局的高度可以自动调节以适应其大小;第15～19行定义一个TextView(文本框)控件,第16行声明这个TextView(文本框)控件的id,第19行声明TextView(文本框)控件显示的文本在\res\values\strings.xml的名为"text1"的字符串变量中定义;第20～23行定义一个EditText(输入框)控件,第21行定义EditText(输入框)控件的id。

第25～38行:在大布局中嵌入第二个横向的线性布局。第29～33行声明一个TextView(文本框)控件,第33行声明文本内容在\res\values\strings.xml的名为"text2"的字符串变量中定义;第34～37行定义一个EditText(输入框)控件。

第39～44行:声明一个Button(按钮)控件。第40行定义Button(按钮)控件的id,第43行声明Button(按钮)控件上面显示的文本,第44行定义Button(按钮)控件的对齐方式为居中显示。

例Chap3_1的运行结果如图3-5所示。

图 3-5 例 Chap3_1 的运行结果

3.4 表格布局(TableLayout)

表格布局(TableLayout)继承自线性布局(LinearLayout),它采用行和列的方式来管理布局,但它不会显示表格线。

3.4.1 表格布局(TableLayout)简介

表格布局(TableLayout)在使用的时候无需声明行和列的个数,而是通过添加 TableRow 来控制行的个数,即一个 TableRow 对应着一个表格行。表格布局的列数由元素最多的 TableRow 决定,元素最多的 TableRow 的元素个数即为列数。其中,列的宽度由该列当中最宽的一个元素决定,表格的总宽度取决于父容器。

尽管表格布局(TableLayout)继承自线性布局(LinearLayout),但是原来的线性布局(LinearLayout)的 layout_width 和 layout_height 属性已经不适用。表格布局(TableLayout)的常用属性名称和功能描述及其对应的方法如表 3-4 所示。

表 3-4 表格布局(TableLayout)的常用属性名称和功能描述及其对应的方法

属性名称	功能描述	对应的方法
android:collapseColumns	设置需要隐藏的列的序号,如果隐藏多个,就用逗号隔开	setColumnCollapsed(int,boolean)
android:stretchColumns	设置需要拉伸的列的序号,如果拉伸多个,就用逗号隔开	setStretchAllColumns(boolean)
android:shrinkColumns	设置需要收缩的列的序号,如果收缩多个,就用逗号隔开	setShrinkAllColumns(boolean)
android:layout_column	指定单元格显示在第几列	
android:layout_span	指定单元格跨几列显示	

在表 3-4 中,android:collapseColumns 用于设置隐藏的列。android:stretchColumns 表示列的宽度可进行横向拉伸以填满表格中空闲的空间。android:shrinkColumns 表示列的宽度可进行横向收缩以使其适应父容器的宽度。需要注意的是,表格布局(TableLayout)中的列数是从"0"列开始的。例如:android:stretchColumns = "0"表示第 0 列可伸展,android:shrinkColumns = "0,1"表示第 0、1 列可收缩,android:collapseColumns = "1"表示隐藏第 1 列,android:layout_column = "0"表示该控件显示在第 0 列,android:layout_span = "2"表示该控件跨 2 列显示。

3.4.2 表格布局(TableLayout)应用举例

本节将列举一个例子 Chap3_2 说明如何通过表格布局(TableLayout)来实现一个简单的计算器界面。此例中,需要用到一个 EditText(输入框)控件和十七个 Button(按钮)控件。由于并不激活 Button(按钮)控件,因此在此例中,只需修改 XML 代码即可。首先打开集成开发环境 ADT,创建一个新的名为"Chap3_2"的项目,然后修改文件夹中主布局文件"activity_main.xml",其部分代码如下:

```
1  <TableLayout xmlns:android="http://schemas.android.com/apk/res/android"
2      xmlns:tools="http://schemas.android.com/tools"
3      android:layout_width="match_parent"
```

```
  4             android:layout_height="match_parent"
  5             android:stretchColumns="3">
  6          <TextView
  7              android:id="@+id/computer"
  8              android:layout_width="match_parent"
  9              android:layout_height="wrap_content"
 10              android:text="@string/name1"
 11              android:textSize="40px"
 12              android:padding="15px" />
 13          <TableRow android:paddingTop="20px" >
 14              <Button
 15                  android:layout_width="wrap_content"
 16                  android:layout_height="wrap_content"
 17                  android:padding="20px"
 18                  android:textSize="40px"
 19                  android:text="7" />
 20              <Button
 21                  android:layout_width="wrap_content"
 22                  android:layout_height="wrap_content"
 23                  android:padding="20px"
 24                  android:textSize="40px"
 25                  android:text="8"/>
 26              <Button
 27                  android:layout_width="wrap_content"
 28                  android:layout_height="wrap_content"
 29                  android:padding="20px"
 30                  android:textSize="40px"
 31                  android:text="9"/>
 32              <Button
 33                  android:layout_width="wrap_content"
 34                  android:layout_height="wrap_content"
 35                  android:padding="20px"
 36                  android:textSize="40px"
 37                  android:text="/"/>
 38          </TableRow>
117          <TableRow android:paddingTop="20px">
118              <Button
119                  android:layout_width="wrap_content"
120                  android:layout_height="wrap_content"
121                  android:padding="20px"
122                  android:textSize="40px"
123                  android:text="="
124                  android:layout_span="4"/>
125          </TableRow>
126      </TableLayout>
```

上述代码说明如下。

第 1～5 行:定义一个表格布局(TableLayout),其中第 5 行声明表格中的第 3 列将被拉伸以充满整个表格。

第 6～12 行:声明一个 TextView(文本框)控件,其中第 11 行定义文字的大小为 40 px,第 12 行定义控件中的文字距离边框的距离为 15 px。

第 13～38 行:声明表格中的第一行,即定义第一个 TableRow。在这一行中有 4 个 Button(按钮)控件,分别为数字 7、8 和 9 的按钮和除号"/"按钮。其中第 14～19 行声明第一个 Button(按钮)控件,第 20～25 行声明第二个 Button(按钮)控件,第 26～31 行声明第三个 Button(按钮)控件,第 32～37 行声明第四个 Button(按钮)控件。

第 39～116 行:分别声明表格中的第二行、第三行和第四行,因为这些代码与第一行代码类似,所以省略。

第 117～126 行:声明表格中的第五行,该行只有一个 Button(按钮)控件,显示"=",其中第 124 行声明该 Button(按钮)控件将跨 4 列显示。

例 Chap3_2 的运行结果如图 3-6 所示。

图 3-6 例 Chap3_2 的运行结果

3.5 相对布局(RelativeLayout)

相对布局(RelativeLayout)中容器内部的元素或者控件是根据相对位置来进行定位的。定位可以根据其与父容器间的相对位置来进行,也可以根据彼此之间的相对位置来进行定位。本节先对相对布局(RelativeLayout)的常用属性及其用法加以介绍,然后通过一个实例来说明相对布局的使用方法。

3.5.1 相对布局(RelativeLayout)简介

在相对布局(RelativeLayout)中,当根据元素或者控件与父容器之间的相对位置来进行定位时,其定位示意图如图 3-7 所示。根据父容器进行定位需要用到的属性名称和取值及其功能描述如表 3-5 所示。

在相对布局(RelativeLayout)中,根据元素或者控件之间的相对位置来进行定位时,要注意控件之间的依赖关系与控件定义的先后顺序之间的关系。例如,如果控件 2 的位置依靠控件 1 的位置来定位,那么控件 1 就需要在控件 2 之前进行定义。同时要注意控件之间的依赖关系不要形成循环关系。根据控件彼此之间的相对位置进行定位时,需要的常用属性名称和取值及其功能描述如表 3-6 所示。

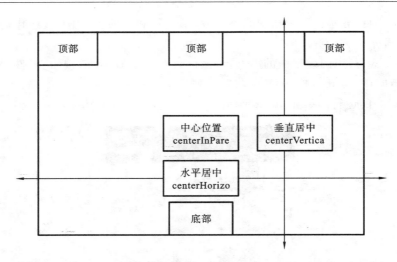

图 3-7 根据元素或者控件与父容器之间的相对位置来进行定位的示意图

表 3-5 相对布局(RelativeLayout)根据父容器定位时的属性名称和取值及其功能描述

属 性 名 称	取 值	功 能 描 述
android:layout_alignParentTop	true 或 false	值为 true,控件与父容器顶端对齐
android:layout_alignParentBottom	true 或 false	值为 true,控件与父容器底端对齐
android:layout_alignParentLeft	true 或 false	值为 true,控件与父容器左部对齐
android:layout_alignParentRight	true 或 false	值为 true,控件与父容器右部对齐
android:layout_alignWithParentIfMissing	true 或 false	值为 true,参考控件不存在时参考父容器
android:layout_centerHorizontal	true 或 false	值为 true,控件位于父容器水平居中位置
android:layout_centerVertical	true 或 false	值为 true,控件位于父容器垂直居中位置
android:layout_centerInParent	true 或 false	值为 true,控件位于父容器的中心位置

表 3-6 相对布局(RelativeLayout)根据控件位置定位时的属性名称和取值及其功能描述

属 性 名 称	取 值	功 能 描 述
android:layout_above	定位控件的 ID	将该控件置于定位控件的上方
android:layout_below	定位控件的 ID	将该控件置于定位控件的下方
android:layout_toLeftOf	定位控件的 ID	将该控件的右边缘与定位控件的左边缘对齐
android:layout_toRightOf	定位控件的 ID	将该控件的左边缘与定位控件的右边缘对齐
android:layout_alignBaseLine	定位控件的 ID	将该控件的基线与定位控件的基线对齐
android:layout_alignTop	定位控件的 ID	将该控件的顶部边缘与定位控件的顶部边缘对齐
android:layout_alignBottom	定位控件的 ID	将该控件的底部边缘与定位控件的底部边缘对齐
android:layout_alignLeft	定位控件的 ID	将该控件的左边缘与定位控件的左边缘对齐
android:layout_alignRight	定位控件的 ID	将该控件的右边缘与定位控件的右边缘对齐

3.5.2 相对布局(RelativeLayout)应用举例

本节将列举一个例子说明如何通过相对布局(RelativeLayout)来实现一个简单的梅花形布局界面。在这个梅花形布局界面中有五个按钮,中间一个按钮标注"中",其余四个按钮分别标注"上"、"下"、"左"、"右"并分布在中间按钮的上、下、左、右4个方向。根据上面的界面设计要求,先定义一个位于界面中心位置的按钮,这个中心按钮根据与父容器的相对关系进行定位,会用到"android:layout_centerInParent"属性。其余四个按钮根据与中心按钮的相对位置进行定位,会分别用到"android:layout_above"、"android:layout_below"、"android:layout_toLeftOf"和"android:layout_toRightOf"4个属性。

此例中,需要用到五个Button(按钮)控件。由于并不激活Button(按钮)控件,因此在此例中,只需修改XML代码即可。首先打开集成开发环境ADT,创建一个新的名为"Chap3_3"的项目,然后修改文件夹中主布局文件"activity_main.xml",其代码如下:

```xml
<RelativeLayout xmlns:android="http://schemas.android.com/apk/res/android"
    xmlns:tools="http://schemas.android.com/tools"
    android:layout_width="match_parent"
    android:layout_height="match_parent">
    <Button
        android:layout_width="wrap_content"
        android:layout_height="wrap_content"
        android:id="@+id/center"
        android:layout_centerInParent="true"
        android:text="中" />
    <Button
        android:layout_width="wrap_content"
        android:layout_height="wrap_content"
        android:id="@+id/above"
        android:layout_above="@id/center"
        android:layout_centerHorizontal="true"
        android:text="上" />
    <Button
        android:layout_width="wrap_content"
        android:layout_height="wrap_content"
        android:id="@+id/below"
        android:layout_below="@id/center"
        android:layout_centerHorizontal="true"
        android:text="下" />
    <Button
        android:layout_width="wrap_content"
        android:layout_height="wrap_content"
        android:id="@+id/left"
        android:layout_toLeftOf="@id/center"
        android:layout_centerVertical="true"
        android:text="左" />
    <Button
        android:layout_width="wrap_content"
        android:layout_height="wrap_content"
        android:id="@+id/right"
        android:layout_toRightOf="@id/center"
        android:layout_centerVertical="true"
        android:text="右" />
</RelativeLayout>
```

上述代码说明如下。

第1～4行:定义一个相对布局(RelativeLayout)。

第5～10行:声明位于界面中心位置的Button(按钮)控件,其中第8行定义Button(按钮)控件的id,第9行声明其位于整个界面的中心位置。

第11～17行:声明位于中心按钮上面的Button(按钮)控件,其中第15行声明Button(按钮)控件位于中心按钮的上方,第16行声明Button(按钮)控件位于水平居中的位置。

第18～24行:声明位于中心按钮下面的Button(按钮)控件,其中第22行声明Button(按钮)控件位于中心按钮的下方,第23行声明Button(按钮)控件位于水平居中的位置。

第25～31行:声明位于中心按钮左侧的Button(按钮)控件,其中第29行声明Button(按钮)控件位于中心按钮的左侧,第30行声明Button(按钮)控件位于垂直居中的位置。

第32～38行:声明位于中心按钮右侧的Button(按钮)控件,其中第36行声明Button(按钮)控件位于中心按钮的右侧,第37行声明Button(按钮)控件位于垂直居中的位置。

例Chap3_3的运行结果如图3-8所示。

图3-8 例Chap3_3的运行结果

3.6 帧布局(FrameLayout)

帧布局(FrameLayout)是Android布局中最简单的一个布局,此时整个界面会被看成是一块白板,用户在帧布局(FrameLayout)中依次添加的控件会被默认地放在界面的左上角,同时后出现的控件会直接覆盖在前面的控件上,将部分或全部遮挡前面的控件。本节首先介绍帧布局(FrameLayout)的属性,然后举例说明帧布局的用法。

3.6.1 帧布局(FrameLayout)简介

帧布局(FrameLayout)的自有属性只有 2 个,分别是前景色和前景色的显示位置。它们的属性名称和功能描述如表 3-7 所示。

表 3-7 帧布局(FrameLayout)的属性名称和功能描述

属 性 名 称	功 能 描 述
android:foreground	设置帧布局的前景色
android:foregroundGravity	设置帧布局前景色的显示位置

3.6.2 帧布局(FrameLayout)应用举例

本节将通过一个实例来说明帧布局(FrameLayout)的使用方法,在这个例子中先后显示两个 TextView(文本框)控件,这两个 TextView(文本框)控件分别显示"第一层"和"第二层",两个 TextView(文本框)控件都从左上角开始显示,其中"第二层"会部分覆盖"第一层"。另外,由于屏幕左上角的 Android 图标是前景色,所以它会一直位于顶层。首先打开集成开发环境 ADT,创建一个新的名为"Chap3_4"的项目,然后修改文件夹中主布局文件"activity_main.xml",其代码如下:

```
1  <FrameLayout xmlns:android="http://schemas.android.com/apk/res/android"
2      xmlns:tools="http://schemas.android.com/tools"
3      android:layout_width="match_parent"
4      android:layout_height="match_parent"
5      android:foreground="@drawable/ic_launcher"
6      android:foregroundGravity="left|top">
7      <TextView
8          android:layout_width="200dp"
9          android:layout_height="200dp"
10         android:gravity="center"
11         android:text="@string/text1" />
12     <TextView
13         android:layout_width="100dp"
14         android:layout_height="100dp"
15         android:gravity="center"
16         android:text="@string/text2" />
17 </FrameLayout>
```

上述代码说明如下。

第 1~6 行:定义一个帧布局(FrameLayout),其中第 5 行定义帧布局的前景色是一个 Android 图标,第 6 行声明这个图标位于左上角。

第 7~11 行:声明第一个 TextView(文本框)控件,其中第 8~9 行声明文本的显示区域是一个 200dp×200dp 的正方形,第 10 行声明文本显示在这个区域的中心位置。

第 12~16 行:声明第二个 TextView(文本框)控件,其中第 13~14 行声明文本的显示区域是一个 100dp×100dp 的正方形,第 15 行声明文本显示在这个区域的中心位置。

例 Chap3_4 的运行结果如图 3-9 所示。

图 3-9 例 Chap3_4 的运行结果

3.7 绝对布局(AbsoluteLayout)

绝对布局(AbsoluteLayout)的使用方式需要由开发人员指定控件的绝对坐标,是 Android布局中几乎不使用的布局方式。因为手机屏幕的大小是有差别的,采用绝对布局 (AbsoluteLayout)的方式在一个手机上可以显示的很好,但在其他手机上可能会显示完全 不同的结果,因此软件的维护会很复杂,灵活性较差。本节将简单介绍绝对布局 (AbsoluteLayout)的使用方式,然后通过一个例子加以说明。

3.7.1 绝对布局(AbsoluteLayout)简介

使用绝对布局(AbsoluteLayout)时,开发人员需要指定控件精确的横坐标 x 和纵坐标 y 来进行定位,其他布局中的定位方式在绝对布局(AbsoluteLayout)中是不能使用的。绝 对布局(AbsoluteLayout)使用的属性名称和功能描述如表 3-8 所示。

表 3-8 绝对布局属性名称和功能描述

属 性	功 能 描 述
android:layout_x	指定控件的 x 坐标
android:layout_y	指定控件的 y 坐标

3.7.2 绝对布局(AbsoluteLayout)应用举例

本节将通过一个实例来说明绝对布局(AbsoluteLayout)的使用方法。在这个例子中,将在坐标(80dp,80dp)的位置显示一行文字"这是一个绝对布局的例子"。首先打开集成开发环境 ADT,创建一个新的名为"Chap3_5"的项目,然后修改文件夹中主布局文件"activity_main.xml",其代码如下:

```xml
<AbsoluteLayout xmlns:android="http://schemas.android.com/apk/res/android"
    xmlns:tools="http://schemas.android.com/tools"
    android:layout_width="match_parent"
    android:layout_height="match_parent" >
    <EditText
        android:layout_x="80dp"
        android:layout_y="80dp"
        android:layout_width="250dp"
        android:layout_height="wrap_content"
        android:text="这是一个绝对布局的例子" />
</AbsoluteLayout>
```

上述代码说明如下。

第 1~4 行:定义一个绝对布局。

第 5~10 行:声明第一个 EditText(输入框)控件。其中第 6~7 行声明其横坐标 x 和纵坐标 y,第 8 行声明其宽度,第 10 行是 EditText(输入框)控件要显示的内容。

例 Chap3_5 的运行结果如图 3-10 所示。

图 3-10 例 Chap3_5 的运行结果

3.8 布局的嵌套

前面几节详细讲述了 Android 的五大布局及其使用方法,在实际的 Android 应用程序开发中,经常会将几种布局嵌套使用,以便实现更为复杂的应用程序界面。

本节将通过一个简单的掌上微博登录界面的实例来说明 Android 布局的嵌套使用方法,其中将要用到三个 TextView(文本框)控件、两个 EditText(输入框)控件和两个 Button

(按钮)控件。首先打开集成开发环境 ADT,创建一个新的名为"Chap3_6"的项目,然后修改文件夹中主布局文件"activity_main.xml",其代码如下:

```xml
<LinearLayout xmlns:android="http://schemas.android.com/apk/res/android"
    xmlns:tools="http://schemas.android.com/tools"
    android:layout_width="match_parent"
    android:layout_height="match_parent"
    android:orientation="vertical">
    <TextView
        android:layout_gravity="center_horizontal"
        android:layout_width="wrap_content"
        android:layout_height="wrap_content"
        android:textSize="40dp"
        android:padding="2px"
        android:text="@string/title" />
    <TableLayout
        android:layout_width="match_parent"
        android:layout_height="wrap_content">
        <TableRow >
            <TextView
                android:layout_width="wrap_content"
                android:layout_height="wrap_content"
                android:textSize="20dp"
                android:text="@string/account" />
            <EditText
                android:layout_width="wrap_content"
                android:layout_height="wrap_content"
                android:text="请输入账号" />
        </TableRow>
        <TableRow >
            <TextView
                android:layout_width="wrap_content"
                android:layout_height="wrap_content"
                android:textSize="20dp"
                android:text="@string/pass" />
            <EditText
                android:layout_width="wrap_content"
                android:layout_height="wrap_content"
                android:text="请输入密码" />
        </TableRow>
        <TableRow >
            <Button
                android:layout_width="wrap_content"
                android:layout_height="wrap_content"
                android:text="登录" />
            <Button
                android:layout_width="wrap_content"
                android:layout_height="wrap_content"
                android:text="注册" />
        </TableRow>
    </TableLayout>
</LinearLayout>
```

上述代码说明如下。

第 1~5 行:定义一个线性布局。其中第 5 行定义该布局是垂直排列的。

第 6~12 行:声明一个 TextView(文本框)控件。其中第 7 行声明文本控件在该行水平居中显示。

第 13～15 行:声明嵌套在线性布局中的表格布局。

第 16～26 行:声明表格布局中的第 1 行。其中第 17～21 行声明第 0 列是一个 TextView(文本框)控件;第 22～25 行声明第 1 列是一个 EditText(输入框)控件,用来获取账号。

第 27～37 行:声明表格布局中的第 2 行。其中第 28～32 行声明第 0 列是一个 TextView(文本框)控件;第 33～36 行声明第 1 列是一个 EditText(输入框)控件,用来获取密码。

第 38～47 行:声明表格布局中的第 3 行。其中第 39～42 行声明第 0 列是一个 Button(按钮)控件并进行登录;第 43～46 行声明第 1 列是一个 Button(按钮)控件并进行注册。

Chap3_6 的运行结果如图 3-11 所示。

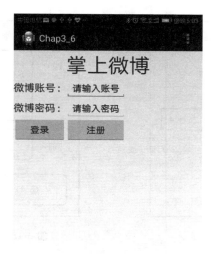

图 3-11　Chap3_6 运行结果

3.9　习　　题

1. Android 应用程序设计时常用几种布局方式？请说出它们的特点。
2. 请用线性布局(LinearLayout)中的纵向布局实现如图 3-12 所示的界面。
3. 请用线性布局(LinearLayout)中的横向布局实现如图 3-13 所示的界面。
4. 请用表格布局(TableLayout)实现如图 3-14 所示的界面。
5. 请用相对布局(RelativeLayout)实现如图 3-14 所示的界面。
6. 请用布局的嵌套实现如图 3-15 所示的界面。

图 3-12　线性布局的界面(纵向)

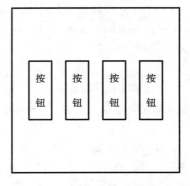

图 3-13　线性布局的界面(横向)

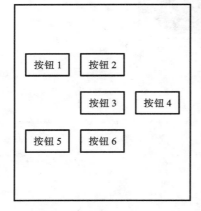

图 3-14　布局界面

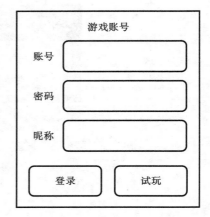

图 3-15　游戏登录界面

第4章 Android 常用基本控件及其用法

Android 应用程序开发中,界面(UI)的设计是非常重要的一个环节,因为界面(UI)是用户使用程序时最先看到的部分,用户对界面印象的好坏,甚至可以决定用户是否愿意继续体验应用程序。应用程序的界面大多数情况下是由控件构成的,Android 平台提供很多简单、易用的控件。本章将主要介绍常用的基本控件的功能及其用法。

4.1 TextView(文本框)控件

TextView(文本框)控件是 Android 应用程序开发中最简单、最常用的控件之一,它的主要功能是显示一行或者多行文字。通过 TextView(文本框)控件显示的文本是不允许用户进行编辑的,这也是它和 EditText(输入框)控件的最主要区分点。

4.1.1 TextView(文本框)控件常用属性及设置方法

TextView(文本框)控件有很多个属性,这些属性既可以在 XML 文件中声明,也可以在 Java 代码中设置。TextView(文本框)控件的常用属性名称和功能描述及其设置方法如表4-1所示。

表 4-1 TextView(文本框)控件的常用属性名称和功能描述及其设置方法

属 性 名 称	功 能 描 述	设 置 方 法
android:height	定义 TextView(文本框)的高度	setHeight(int)
android:width	定义 TextView(文本框)的宽度	setWidth(int)
android:hint	当文本为空时,提示文本显示	setHint(int)
android:text	设置 TextView(文本框)文本显示内容	setText(CharSequence)
android:textColor	设置 TextView(文本框)文本的颜色	setTextColor(int)
android:textSize	设置 TextView(文本框)显示内容大小	setTextSize(int,float)
android:autoLink	将文本转换为可单击的超链接提示	setAutoLinkMask(int)
android:gravity	定义文本的对齐方式	setGravity(int)
android:ellipsize	文本超过 TextView(文本框)长度时,省略	setEllipsize(TruncateAt)
android:background	设置文本的背景	setBackgroud(Drawable)
android:singleLine	设置文本显示为单行模式	setSingleLine()
android:maxLines	设置文本显示最大行数	setMaxLine(int)
android:lines	设置文本显示的行数	setLines(int)

在表 4-1 中,android:ellipsize 属性取值为"start"时,省略号在开头;取值为"end"时,省略号在结尾;取值为"middle"时,省略号在中间;取值为"marquee"时,省略号为跑马灯无限循环。

4.1.2　TextView(文本框)控件应用举例

本节将举例说明如何显示一行简单的文字"http://www.baidu.com",并将该行文字设为超链接提示。在此例中,只需修改 XML 代码即可。首先打开集成开发环境 ADT,创建一个新的名为"Chap4_1"的项目,然后修改文件夹中主布局文件"activity_main.xml",其部分代码如下:

```xml
<LinearLayout xmlns:android="http://schemas.android.com/apk/res/android"
    xmlns:tools="http://schemas.android.com/tools"
    android:layout_width="match_parent"
    android:layout_height="match_parent"
    android:layout_orientation="vertical">
    <TextView
        android:layout_width="match_parent"
        android:layout_height="wrap_content"
        android:text="@string/webaddress"
        android:background="#0000FF"
        android:gravity="center"
        android:textColor="#00FF00"
        android:textSize="30dp"
        android:autoLink="web"/>
</LinearLayout>
```

上述代码说明如下。

第 1～5 行:定义一个线性布局。

第 6～14 行:声明一个 TextView(文本框)控件。其中第 7～8 行定义它的宽度和高度,第 9 行定义文本的显示内容(见"strings.xml"),第 10 行声明文本控件的背景颜色,第 11 行定义文本居中显示,第 12 行声明文本的颜色,第 13 行定义文本的大小,第 14 行声明文本显示的形式为超链接提示(带下画线)。

例 Chap4_1 的运行结果如图 4-1 所示。在例 Chap4_1 中,当用户点击屏幕上显示的带下画线的文本时,会自动跳转到对应的网页。

图 4-1　例 Chap4_1 的运行结果

4.2 EditText(输入框)控件

EditText(输入框)控件是 Android 应用程序开发中经常用到的控件之一,它的主要功能是让用户输入文本,进而获取用户输入的数据。它与 TextView(文本框)控件的不同点在于,EditText(输入框)控件的文本内容是可以让用户编辑的。

4.2.1 EditText(输入框)控件的常用属性及设置方法

EditText(输入框)控件是 TextView(文本框)控件的子类,它继承了 TextView(文本框)控件的所有属性,但它也有一些自己的属性。EditText(输入框)控件的常用属性名称和功能描述及其设置方法如表 4-2 所示。

表 4-2　EditText(输入框)控件的常用属性名称和功能描述及其设置方法

属 性 名 称	功 能 描 述	设 置 方 法
android:cursorVisible	设置光标是否可见(默认可见)	setCursorVisible(boolean)
android:password	设置输入文本是否为密码	setTransformationMethod(TransformationMethod)
android:inputType	设置文本类型,显示对应的虚拟键盘	setInputType(InputType.TYPE_CLASS_PHONE)
android:autoText	设置是否自动进行输入值的拼写纠正	

在表 4-2 中,android:inputType 属性有多种取值,它可以通过调用不同的虚拟键盘来控制输入文本框中的内容类型,如日期键盘、拨号键盘、时间键盘等。android:inputType 的属性取值和功能描述如表 4-3 所示。

表 4-3　android:inputType 的属性取值和功能描述

属 性 取 值	功 能 描 述
android:inputType="none"	输入没有指定明确类型
android:inputType="text"	输入普通文本
android:inputType="textCapWords"	输入的每个单词首字母大写
android:inputType="textCapCharacters"	输入为所有字符大写
android:inputType="textCapSentences"	输入为每句的第一个字符大写
android:inputType="textEmailAddress"	输入一个电子邮件地址
android:inputType="textPassword"	输入一个密码
android:inputType="textVisiblePassword"	输入一个对用户可见的密码
android:inputType="textAutoComplete"	输入类型为自动完成文本类型
android:inputType="textAutoCorrect"	输入类型为自动纠正文本类型
android:inputType="number"	输入类型为数字文本
android:inputType="numberSigned"	输入为带符号的数字,允许有正负号

续表

属 性 取 值	功 能 描 述
android:inputType="phone"	输入类型为电话号码
android:inputType="datetime"	输入类型为日期和时间
android:inputType="date"	输入类型为日期
android:inputType="time"	输入类型为时间

EditText(输入框)控件在使用时,需要监听文本框中用户输入内容的变化,以便做出相应的响应。在应用软件开发时,EditText(输入框)控件的监听功能是一项非常实用的功能。在 Android 应用程序开发中,共有两种方法来截获和监听 EditText(输入框)控件事件。第一种方法是用 setOnKeyListener(),这种方式适用于监听硬键盘事件;第二种方法使用 TextWatcher 类,这种方式通过调用 EditText.addTextChangedListener(TextWatcher)来为 EditText(输入框)控件设置文本监听,它既可以监听硬键盘,也可以监听软键盘。在使用 TextWatcher 类时,有 beforeTextChanged()、onTextChanged()和 afterTextChanged() 三种方法,它们分别在输入的文本内容变化前、内容变化中和内容变化后被触发。

4.2.2 EditText(输入框)控件应用举例

本节将通过一个实例来介绍 EditText(输入框)控件的使用方法。在该例中,如果用户没有任何输入,那么 EditText(输入框)控件默认显示的是"请输入日期",此时 EditText(输入框)控件下方的 TextView(文本框)控件显示为空;如果用户有输入字符(无论何种字符),那么用户在 EditText(输入框)控件中输入的字符会自动地显示在 TextView(文本框)控件中。

在此例中,用户既需修改 XML 代码,又需修改 Java 代码。首先打开集成开发环境 ADT,创建一个名为"Chap4_2"的项目,然后修改主布局文件"activity_main.xml"和 Java 文件"MainActivity.java"的部分代码。

1. activity_main.xml

activity_main.xml 文件的部分代码如下。

```
1  <LinearLayout xmlns:android="http://schemas.android.com/apk/res/android"
2      xmlns:tools="http://schemas.android.com/tools"
3      android:layout_width="match_parent"
4      android:layout_height="match_parent"
5      android:orientation="vertical">
6      <EditText
7          android:layout_width="match_parent"
8          android:layout_height="wrap_content"
9          android:id="@+id/input"
10         android:hint="请输入日期"
11         android:inputType="date"/>
12     <TextView
13         android:layout_width="match_parent"
14         android:layout_height="wrap_content"
15         android:textSize="20sp"
16         android:text=""
17         android:id="@+id/text" />
18 </LinearLayout>
```

上述代码说明如下。

第 1~5 行:定义一个垂直显示的线性布局。

第 6~11 行:声明一个 EditText(输入框)控件。其中第 9 行声明该控件的 id;第 10 行声明 EditText(输入框)控件的提示信息,提示用户输入日期数据;第 11 行声明 EditText(输入框)控件,允许的输入类型为日期。

第 12~17 行:声明一个 TextView(文本框)控件。其中第 15 行声明文本字符大小;第 16 行声明文本显示为空;第 17 行声明 TextView(文本框)控件的 id。

2. MainActivity.java

MainActivity.java 文件的部分代码如下。

```java
package com.example.chap4_2;
import android.os.Bundle;
import android.app.Activity;
import android.view.Menu;
import android.widget.TextView;
import android.widget.EditText;
import android.view.View;
import android.view.KeyEvent;
public class MainActivity extends Activity {
    EditText et1;
    TextView tv1;
    protected void onCreate(Bundle savedInstanceState) {
        super.onCreate(savedInstanceState);
        setContentView(R.layout.activity_main);
        et1=(EditText)findViewById(R.id.input);
        tv1=(TextView)findViewById(R.id.text);
        et1.setOnKeyListener(new EditText.OnKeyListener()
        {
            public boolean onKey(View v1,int keyCode1,KeyEvent event1)
            {
                tv1.setText(et1.getText());
                return false;
            }
        });
    }
}
```

上述 Java 代码说明如下。

第 10 行:声明一个 EditText(输入框)类。

第 11 行:声明一个 TextView(文本框)类。

第 15 行:通过 findViewById 获得布局文件中的 EditText(输入框)控件的引用。

第 16 行:通过 findViewById 获得布局文件中的 TextView(文本框)控件的引用。

第 17~24 行:通过 setOnKeyListener()方法为 EditText(输入框)控件添加监听,其中第 21 行为监听到输入后的处理过程,即将实时获取的用户输入内容赋值给 TextView(文本框)控件并显示出来。

例 Chap4_2 的运行结果如图 4-2 所示,其中图 4-2(a)所示为用户没有输入数据的初始界面,图 4-2(b)所示为用户输入数据后的界面。

(a)初始界面　　　　　　　(b)输入数据后的界面

图 4-2　例 Chap4_2 的运行结果

4.3　Button(按钮)控件

Button(按钮)控件是 Android 应用程序开发中频繁使用的一个控件,这个控件会在界面上生成一个按钮,当用户点击该按钮时,会触发一个点击事件,进而执行下一步的操作。

4.3.1　Button(按钮)控件的属性及监听方法

Button(按钮)控件是 TextView(文本框)控件的子类,它继承了 TextView(文本框)控件的所有属性。Button(按钮)控件的常用属性名称和功能描述如表 4-4 所示。

表 4-4　Button(按钮)控件的常用属性名称和功能描述

属 性 名 称	功 能 描 述
android:text	设置按钮上显示的文字
android:gravity	设置按钮中文字的对齐方式
android:onClick	为单击按钮指定一个监听方法

当使用 Button(按钮)控件时,需要使用监听器对点击按钮事件进行监听。在 Android 应用程序开发中,对 Button(按钮)控件的监听,既可以在 XML 文件中绑定监听,也可以在 Java 代码中设置监听,具体方法如下。

1. 在 XML 文件中绑定监听

在 XML 文件中，通过为 Button(按钮)控件声明 android:onClick 属性，这样就可以为该控件直接指定处理单击事件的方法。这种方法是以 android:onClick 属性代替在 Java 代码中为 Button(按钮)控件设置 OnClickListener()。

在对应的 Activity 的 Java 代码中，为了正确执行对应的操作，通过 android:onClick 属性指定的方法必须是 public 的，并且只能接受一个 View 类型的参数。

2. 通过 OnClickListener( )监听器实现监听

这种方法是在对应的 Activity 的 Java 代码中为 Button(按钮)控件增加 View.OnClickListener 监听器，然后在监听器的实现代码中增加对应按钮单击事件的处理代码。在对 Button(按钮)控件进行监听时，既可以一个 Button(按钮)控件对应一个监听，又可以多个 Button(按钮)控件共用一个监听。

(1) 一个 Button(按钮)控件对应一个监听。

此时为单个 Button(按钮)控件指定一个监听 setOnClickListener，具体实现代码如下：

```
Button button1;
button1= (Button)findViewById(R.id.butt1)
button1.setOnClickListener(new Button.OnClickListener(){
    public void onClick(View v){
        Toast toast=Toast.makeText(MainActivity.this,"已单击按钮",Toast.LENGTH_LONG);
        toast.show();
    }
});
```

(2) 多个 Button(按钮)控件共用一个监听。

此时可以通过一个自定义类实现接口，获取各 Button(按钮)控件的资源 ID，然后通过 switch 和 case 组合来判断用户点击了哪个按钮，进而实现监听多个 Button(按钮)控件。具体实现代码如下：

```
Button start,stop;
start=(Button)findViewById(R.id.butt1);
stop=(Button)findViewById(R.id.butt2);
start.setOnClickListener(myListener);
stop.setOnClickListener(myListener);
    View.OnClickListener myListener=new View.OnClickListener()
    {
    public void onClick(View v)
    {
        Toast toast;
        switch (v.getId())
        {
            case R.id.butt1:
```

```
            toast=Toast.makeText(MainActivity.this,"已单击 Start 按钮",Toast.
               LENGTH_LONG);
            toast.show();
            break;
        case R.id.butt2:
            toast=Toast.makeText(MainActivity.this,"已单击 Stop 按钮",Toast.
               LENGTH_LONG);
            toast.show();
            break;
        default:
            break;
        }
    }
};
```

4.3.2 Button(按钮)控件应用举例

本节将通过一个实例来介绍 Button(按钮)控件的使用方法。在该例中共有四个 Button(按钮)控件,其中第一个 Button(按钮)控件在 XML 文件中绑定监听;第二个 Button(按钮)控件采用 OnClickListener()监听器实现监听;第三个和第四个 Button(按钮)控件通过共用一个自定义类(myListener)来实现监听。当用户单击第一个 Button(按钮)控件时,界面上会显示提示信息,"您已单击第一个按钮,这是在 XML 中绑定的监听";当用户单击第二个 Button(按钮)控件时,界面上会显示提示信息,"您已单击第二个按钮,这是通过 OnClickListener 实现的监听";当用户单击第三(四)个 Button(按钮)控件时,界面上会显示提示信息,"您已单击第三(四)个按钮,这是通过共用一个自定义类实现的监听"。

在此例中,用户既要修改 XML 代码,又要修改 Java 代码。首先打开集成开发环境 ADT,创建一个名为"Chap4_3"的项目,然后修改主布局文件"activity_main.xml"和 Java 文件"MainActivity.java"的部分代码。

1. activity_main.xml

activity_main.xml 文件的部分代码如下。

```
 1  <LinearLayout xmlns:android="http://schemas.android.com/apk/res/android"
 2      xmlns:tools="http://schemas.android.com/tools"
 3      android:layout_width="match_parent"
 4      android:layout_height="match_parent"
 5      android:orientation="vertical">
 6      <Button
 7          android:layout_width="wrap_content"
 8          android:layout_height="wrap_content"
 9          android:text="按钮一"
10          android:id="@+id/butt1"
11          android:onClick="Button1Click"/>
```

```
12      <Button
13          android:layout_width="wrap_content"
14          android:layout_height="wrap_content"
15          android:text="按钮二"
16          android:id="@+id/butt2"/>
17      <Button
18          android:layout_width="wrap_content"
19          android:layout_height="wrap_content"
20          android:text="按钮三"
21          android:id="@+id/butt3"/>
22      <Button
23          android:layout_width="wrap_content"
24          android:layout_height="wrap_content"
25          android:text="按钮四"
26          android:id="@+id/butt4"/>
27      <TextView
28          android:layout_width="wrap_content"
29          android:layout_height="wrap_content"
30          android:id="@+id/text1"
31          android:text="@string/hello_world" />
32  </LinearLayout>
```

上述代码说明如下。

第1～5行:定义一个线性布局。

第6～11行:声明一个Button(按钮)控件。其中第11行声明该按钮控件是在XML文件中绑定的监听,即"Button1Click"这个外部类名,它的具体定义请参见对应的Java代码。

第12～16行:声明一个Button(按钮)控件。其中第16行声明该按钮控件的id是"butt2",该控件的监听是采用内部类OnClickListener()实现的,具体请参见对应的Java代码。

第17～21行:声明一个Button(按钮)控件。其中第21行声明该按钮控件的id是"butt3",该控件和按钮四共用一个监听,是采用外部类myListener()实现的,具体请参见对应的Java代码。

第22～26行:声明一个Button(按钮)控件。其中第26行声明该按钮控件的id是"butt4",该控件和按钮三共用一个监听,是采用外部类myListener()实现的,具体请参见对应的Java代码。

第27～31行:声明一个TextView(文本框)控件,该控件主要用来显示提示信息。

2. MainActivity.java

MainActivity.java文件的部分代码如下。

```
1  package com.example.chap4_3;
2  import android.os.Bundle;
3  import android.app.Activity;
4  import android.view.Menu;
5  import android.view.View;
6  import android.view.View.OnClickListener;
```

```
 7  import android.widget.Button;
 8  import android.widget.TextView;
 9  public class MainActivity extends Activity {
10      Button button1,button2,button3,button4;
11      TextView textView1;
12      public void onCreate(Bundle savedInstanceState) {
13          super.onCreate(savedInstanceState);
14          setContentView(R.layout.activity_main);
15          button1=(Button)findViewById(R.id.butt1);
16          button2=(Button)findViewById(R.id.butt2);
17          button3=(Button)findViewById(R.id.butt3);
18          button4=(Button)findViewById(R.id.butt4);
19          textView1=(TextView)findViewById(R.id.text1);
20          button2.setOnClickListener(new Button.OnClickListener(){
21              public void onClick(View v){
22                  textView1.setText("您已单击第二个按钮,
23                  这是通过OnClickListener实现的监听");
24              }
25          });
26          button3.setOnClickListener(myListener);
27          button4.setOnClickListener(myListener);
28      }
29      public void Button1Click(View view)
30      {
31          textView1.setText("您已单击第一个按钮,
32          这是在XML中绑定的监听");
33      }
34      View.OnClickListener myListener=new View.OnClickListener(){
35          public void onClick(View v1){
36              switch(v1.getId())
37              {
38                  case R.id.butt3:
39                      textView1.setText("您已单击第三个按钮,
40                      这是通过共用一个自定义类实现的监听");
41                      break;
42                  case R.id.butt4:
43                      textView1.setText("您已单击第四个按钮,
44                      这是通过共用一个自定义类实现的监听");
45                      break;
46                  default:
47                      break;
48              }
49          }
50      };
51  }
```

上述 Java 代码说明如下。

第 10 行:声明四个 Button(按钮)类。

第 11 行:声明一个 TextView(文本框)类。

第 15~18 行:获得四个 Button(按钮)控件的引用。

第 19 行:获得 TextView(文本框)控件的引用。

第 20～25 行:通过 OnClickListener()方法为按钮二添加监听。其中第 22～23 行为监听到单击按钮二后的处理过程,即显示"您已单击第二个按钮,这是通过 OnClickListener 实现的监听"。

第 26～27 行:声明按钮三和按钮四使用同一个外部类 myListener 实现监听。

第 29～33 行:给出为按钮一实现监听的外部类 Button1Click 的实现代码。

第 34～50 行:通过外部类 myListener 为按钮三和按钮四控件实现监听的代码。其中第 38～41 行为监听到单击按钮三后的处理过程,第 42～45 行为监听到单击按钮四后的处理过程。

例 Chap4_3 的运行结果的界面如图 4-3 所示。其中图 4-3(a)所示为用户没有单击按钮时的初始界面,图 4-3(b)所示为用户单击按钮一后的界面,图 4-3(c)为用户单击按钮二后的界面,图 4-3(d)为用户单击按钮三后的界面,图 4-3(e)为用户单击按钮四后的界面。

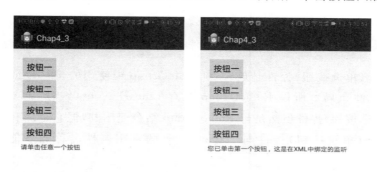

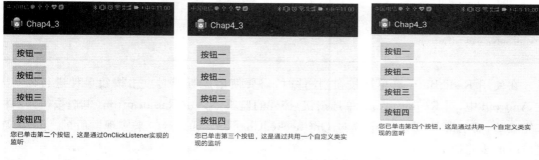

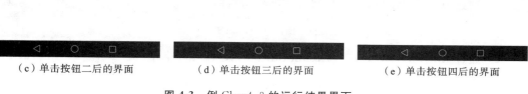

图 4-3 例 Chap4_3 的运行结果界面

4.4 RadioButton(单选按钮)控件

RadioButton(单选按钮)控件在 Android 应用程序开发中使用非常广泛,它只有两种状态,选中或者未被选中。它适用于二选一或者多选一的场合,但必须与 RadioGroup 结合使用。RadioButton(单选按钮)控件在与 RadioGroup 结合使用时,需要注意以下几点。

(1) RadioButton(单选按钮)控件表示单个选项,而 RadioGroup 是容纳多个 RadioButton 的容器。

(2) 在 RadioGroup 中同时只有一个 RadioButton(单选按钮)控件被选中。

(3) 不同的 RadioGroup 中的 RadioButton(单选按钮)控件彼此独立、互不干扰。

(4) 通常一个 RadioGroup 中会有一个默认的选中项,建议把它放在 RadioGroup 的起始位置。

4.4.1 RadioButton(单选按钮)控件的属性及监听方法

RadioButton(单选按钮)控件是放置在 RadioGroup 中使用的,而 RadioGroup 继承自 LinearLayout(线性布局),所以 RadioGroup 具有 LinearLayout(线性布局)的全部属性。RadioButton(单选按钮)控件虽然是与 RadioGroup 结合使用的,但它也拥有自己特有的属性。RadioButton(单选按钮)控件与 RadioGroup 的常用属性名称和功能描述如表 4-5 所示。

表 4-5 RadioButton(单选按钮)控件与 RadioGroup 的常用属性名称和功能描述

属 性 名 称	功 能 描 述
android:checked	设置 RadioButton(单选按钮)控件状态,true 为选中,false 为未选中
android:button	RadioButton(单选按钮)控件值为"@null"时不显示前面的按钮,只显示文本
android:checkedButton	在 RadioGroup 中,此 ID 对应的 RadioButton(单选按钮)控件为默认选中项

在使用 RadioButton(单选按钮)控件时,需要使用监听器对点击按钮事件进行监听。在 Android 中,对 RadioButton(单选按钮)控件的监听不是由 RadioButton(单选按钮)控件来完成的,而是由 RadioGroup 通过 OnCheckedChangedListener()来实现监听的。具体实现监听的步骤如下。

(1) 通过 findViewById()获取 RadioGroup 控件:

```
RadioGroup rg=(RadioGroup)findViewById(R.id.myGroup);
```

(2) 通过 findViewById()获取 RadioButton(单选按钮)控件:

```
RadioButton rb1=(RadioButton)findViewById(R.id.myButton1);
RadioButton rb2=(RadioButton)findViewById(R.id.myButton2);
```

（3）为 RadioGroup 添加监听事件，进而监听 RadioGroup 组件内部的事件响应，具体如下：

```
rg.setOnCheckedChangeListener(new RadioGroup.OnCheckedChangeListener(){
    public void onCheckedChanged(RadioGroup group,int checkedId){
        switch(checkedId)
        {
            Case R.id.myButton1:
                toast=Toast.makeText(MainActivity.this,"您已选择第一个选项",
                    Toast.LENGTH_LONG);
                toast.show();
                break;
            Case R.id.myButton2:
                toast=Toast.makeText(MainActivity.this,"您已选择第二个选项",
                    Toast.LENGTH_LONG);
                toast.show();
                break;
            default:
                break;
        }
    }
});
```

4.4.2　RadioButton（单选按钮）控件应用举例

本节将通过一个实例来介绍 RadioButton（单选按钮）控件的使用方法。在该例中共有两个 RadioButton（单选按钮）控件，分别对应"男生"和"女生"选项。其中第一个"男生"选项是默认选项。当用户单击第一个 RadioButton（单选按钮）控件时，界面上会显示提示信息，"您选择的是：男生！"；当用户单击第二个 RadioButton（单选按钮）控件时，界面上会显示提示信息，"您选择的是：女生！"。在该例中，需要有两个 TextView（文本框）控件，两个 RadioButton（单选按钮）控件。

在此例中，用户既要修改 XML 代码，又要修改 Java 代码。首先打开集成开发环境 ADT，创建一个名为"Chap4_4"的项目，然后修改主布局文件"activity_main.xml"和 Java 文件"MainActivity.java"的部分代码。

1. activity_main.xml

activity_main.xml 文件的部分代码如下。

```
1  <LinearLayout xmlns:android="http://schemas.android.com/apk/res/android"
2      xmlns:tools="http://schemas.android.com/tools"
3      android:layout_width="match_parent"
4      android:layout_height="match_parent"
5      android:orientation="vertical">
```

```xml
6      <TextView
7          android:layout_width="match_parent"
8          android:layout_height="wrap_content"
9          android:text="@string/hello_world" />
10     <RadioGroup
11         android:layout_width="match_parent"
12         android:layout_height="wrap_content"
13         android:id="@+id/group1"
14         android:orientation="vertical"
15         >
16         <RadioButton
17             android:layout_width="match_parent"
18             android:layout_height="wrap_content"
19             android:id="@+id/rButt1"
20             android:text="男生"
21             android:checked="true"/>
22         <RadioButton
23             android:layout_width="match_parent"
24             android:layout_height="wrap_content"
25             android:id="@+id/rButt2"
26             android:text="女生"/>
27     </RadioGroup>
28     <TextView
29         android:layout_width="match_parent"
30         android:layout_height="wrap_content"
31         android:hint=""
32         android:id="@+id/choice"/>
33 </LinearLayout>
```

上述代码说明如下。

第 1～5 行：定义一个垂直显示的线性布局。

第 6～9 行：声明一个 TextView（文本框）控件，该控件在界面上显示"请选择您的性别："这样一句话。

第 10～27 行：声明一个 RadioGroup。其中第 13 行声明该 RadioGroup 的 id 是"group1"，第 14 行声明在该 RadioGroup 内部的 RadioButton（单选按钮）控件是垂直排列的。第 16～21 行声明第一个单选按钮，其中第 19 行声明它的 id 是"rButt1"，第 20 行声明这个按钮的文本内容是"男生"，第 21 行声明这个单选按钮是默认选项。第 22～26 行声明第二个单选按钮，其中第 25 行声明它的 id 是"rButt2"，第 26 行声明这个按钮的文本内容是"女生"。

第 28～32 行：声明一个 TextView（文本框）控件。其中第 31 行声明该文本控件的初始文本内容是空的，第 32 行声明该文本控件的 id 是"choice"。

2．MainActivity.java

MainActivity.java 文件的部分代码如下。

```java
1 package com.example.chap4_4;
2 import android.os.Bundle;
3 import android.app.Activity;
4 import android.view.Menu;
5 import android.view.View;
6 import android.widget.TextView;
```

```
7   import android.widget.RadioButton;
8   import android.widget.RadioGroup;
9   public class MainActivity extends Activity {
10      RadioGroup rg1;
11      RadioButton rb1,rb2;
12      TextView tv1;
13      protected void onCreate(Bundle savedInstanceState) {
14          super.onCreate(savedInstanceState);
15          setContentView(R.layout.activity_main);
16          rg1=(RadioGroup)findViewById(R.id.group1);
17          rb1=(RadioButton)findViewById(R.id.rButt1);
18          rb2=(RadioButton)findViewById(R.id.rButt2);
19          tv1=(TextView)findViewById(R.id.choice);
20          rg1.setOnCheckedChangeListener(new RadioGroup.
21              OnCheckedChangeListener(){
22              public void onCheckedChanged(RadioGroup group,
23                  int checkedId)
24              {
25                  switch(checkedId)
26                  {
27                  case R.id.rButt1:
28                      tv1.setText("您选择的是：男生！");
29                      break;
30                  case R.id.rButt2:
31                      tv1.setText("您选择的是：女生！");
32                      break;
33                  default:
34                      break;
35                  }
36              }
37          });
38      }
39  }
```

上述代码说明如下。

第 10 行：声明一个 RadioGroup。

第 11 行：声明两个 RadioButton(单选按钮)控件。

第 12 行：声明一个 TextView(文本框)控件。

第 16 行：通过 findViewById 获得 RadioGroup 的引用。

第 17～18 行：通过 findViewById 获得两个 RadioButton(单选按钮)控件的引用。

第 19 行：通过 findViewById 获得一个 TextView(文本框)控件的引用。

第 20～37 行：通过 setOnCheckedChangeListener()方法为 RadioGroup 添加监听效果。其中第 22～36 行为监听到 RadioGroup 选项变化后，根据 RadioButton(单选按钮)控件的 id 判断是哪个 RadioButton(单选按钮)控件被选中的处理过程；第 27～29 行是第一个 RadioButton(单选按钮)控件被选中后的对应操作，显示文本"您选择的是：男生！"；第 30～32 行是第二个 RadioButton(单选按钮)控件被选中后的对应操作，显示文本"您选择的是：女生！"。

例 Chap4_4 的运行结果界面如图 4-4 所示。其中图 4-4(a)所示为用户没有选择按钮时的初始界面，图 4-4(b)所示为用户选择第二个单选按钮后的界面。

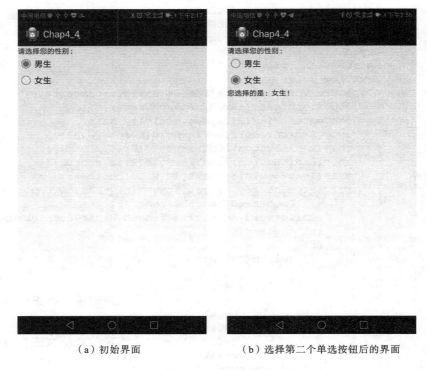

(a)初始界面 (b)选择第二个单选按钮后的界面

图 4-4 例 Chap4_4 的运行结果界面

4.5 CheckBox(复选框)控件

在日常生活中,人们除了会面临二选一或者多选一的情况外,还经常会面临多个选项的时候。这时 RadioButton(单选按钮)控件就无法满足需求,需要使用 CheckBox(复选框)控件。该控件有选中和未选中两种状态,用户每次单击复选框就会在这两种状态之间切换,同时会触发一个 OnCheckedChange 事件。与 RadioButton(单选按钮)控件一次只允许一个按钮被选中不同的是,CheckBox(复选框)控件同时允许多个按钮处于选中状态,按钮被选中以后,还可以通过再次点击按钮来取消选中。

4.5.1 CheckBox(复选框)控件的属性及监听方法

CheckBox(复选框)控件的属性与 RadioButton(单选按钮)控件的相同,也是继承自 LinearLayout(线性布局),所以 CheckBox(复选框)控件具有 LinearLayout(线性布局)的全部属性。

对于 CheckBox(复选框)控件的监听,常用的有 setOnCheckedChangeListener() 和 setOnClickListener() 两种方法。采用 setOnCheckedChangeListener() 方法监听时,可以对 Checkbox(复选框)控件的状态进行监听,当 CheckBox(复选框)控件的状态在未被选中和被选中之间变化时,通过 isChecked() 方法可以获取当前 CheckBox(复选框)控件的选中状态,随后可做进一步处理。采用 setOnClickListener()方法监听时,实际上监听的是 onClick 事件。但是 CheckBox(复选框)控件的状态不一定通过单击事件改变,直接调用 setChecked ()方法也可以改变 CheckBox(复选框)控件的状态,此时 setOnClickListener()就无法监听, 但是 setOnCheckedChangeListener()还是能监听到 CheckBox(复选框)控件状态的改变。

4.5.2 CheckBox(复选框)控件应用举例

本节将通过一个实例来介绍 CheckBox(复选框)控件的使用方法。在该例中要求用户选择自己的爱好,共有四个 CheckBox(复选框)控件,分别对应"旅游"、"运动"、"美食"和"看书"四个选项。当用户单击任意一个按钮时,该按钮前的方框内会出现"√";当用户再次单击该按钮时,方框内的"√"会消失。如果用户选择了"运动"和"美食"两个选项,单击"确认"按钮时,屏幕上会显示"您的爱好是运动、美食"。在该例中,需要有两个 TextView(文本框)控件、四个 CheckBox(复选框)控件和一个 Button(按钮)控件。其中一个 TextView(文本框)控件用来显示一行提示信息"您的兴趣和爱好是:",另一个 TextView(文本框)控件用来输出用户最终的选择结果。

在此例中,用户既要修改 XML 代码,又要修改 Java 代码。首先打开集成开发环境 ADT,创建一个名为"Chap4_5"的项目,然后修改主布局文件"activity_main.xml"和 Java 文件"MainActivity.java"的部分代码。

1. activity_main.xml

activity_main.xml 文件的部分代码如下。

```
1   <LinearLayout xmlns:android="http://schemas.android.com/apk/res/android"
2       xmlns:tools="http://schemas.android.com/tools"
3       android:orientation="vertical"
4       android:layout_width="match_parent"
5       android:layout_height="match_parent">
6       <TextView
7           android:layout_width="wrap_content"
8           android:layout_height="wrap_content"
9           android:text="@string/list1" />
10      <CheckBox
11          android:text="旅游"
12          android:id="@+id/checkBox1"
13          android:layout_width="wrap_content"
14          android:layout_height="wrap_content"/>
15      <CheckBox
16          android:text="运动"
17          android:id="@+id/checkBox2"
18          android:layout_width="wrap_content"
19          android:layout_height="wrap_content"/>
20      <CheckBox
21          android:text="美食"
22          android:id="@+id/checkBox3"
23          android:layout_width="wrap_content"
24          android:layout_height="wrap_content"/>
25      <CheckBox
26          android:text="看书"
27          android:id="@+id/checkBox4"
```

```
28          android:layout_width="wrap_content"
29          android:layout_height="wrap_content"/>
30      <Button
31          android:text="确定"
32          android:id="@+id/bt_ok"
33          android:layout_width="wrap_content"
34          android:layout_height="wrap_content"/>
35      <TextView
36          android:layout_width="match_parent"
37          android:layout_height="match_parent"
38          android:id="@+id/hobby_list"/>
39  </LinearLayout>
```

上述代码说明如下：

第 1～5 行：定义一个线性布局。

第 6～9 行：声明一个 TextView（文本框）控件，该控件在界面上显示"您的兴趣和爱好是："这样一句话。

第 10～29 行：声明一组 CheckBox（复选框）控件。其中第 11 行声明"旅游"选项，第 12 行声明该选项的 id 是"CheckBox1"，第 13～14 行声明该多选按钮的宽度和高度都是自适应文本的大小。

第 30～34 行：声明一个 Button（按钮）控件。其中第 31 行声明该按钮上显示的是"确定"，第 32 行声明该按钮控件的 id 是"bt_ok"。

第 35～38 行：声明一个 TextView（文本框）控件，该控件用来在手机屏幕上显示用户的选择结果。

2. MainActivity.java

MainActivity.java 文件的部分代码如下。

```
1   package com.example.chap4_5;
2   import android.os.Bundle;
3   import android.app.Activity;
4   import android.view.View;
5   import android.widget.TextView;
6   import android.widget.Button;
7   import android.widget.CheckBox;
8   public class MainActivity extends Activity {
9       private CheckBox chb1,chb2,chb3,chb4;
10      private Button butt_ok;
11      private TextView hobby_list;
12      protected void onCreate(Bundle savedInstanceState) {
13          super.onCreate(savedInstanceState);
14          setContentView(R.layout.activity_main);
15          chb1=(CheckBox)findViewById(R.id.checkBox1);
16          chb2=(CheckBox)findViewById(R.id.checkBox2);
17          chb3=(CheckBox)findViewById(R.id.checkBox3);
18          chb4=(CheckBox)findViewById(R.id.checkBox4);
19          hobby_list=(TextView)findViewById(R.id.hobby_list);
20          butt_ok=(Button)findViewById(R.id.butt_ok);
21          butt_ok.setOnClickListener(new Button.OnClickListener()
22          {
23              public void onClick(View v) {
24                  String str_hobby="您的爱好是:\n";
25                  if(chb1.isChecked()){
```

```
26                  str_hobby=str_hobby+chb1.getText().toString()+"\n";}
27              if(chb2.isChecked()){
28                  str_hobby=str_hobby+chb2.getText().toString()+"\n";}
29              if(chb3.isChecked()){
30                  str_hobby=str_hobby+chb3.getText().toString()+"\n";}
31              if(chb4.isChecked()){
32                  str_hobby=str_hobby+chb4.getText().toString();}
33              hobby_list.setText(str_hobby);
34              }
35          });
36      }
37  }
```

上述 Java 代码说明如下：

第 9 行:声明一组 CheckBox(复选框)类。

第 10 行:声明一个 Button(按钮)类。

第 11 行:声明一个 TextView(文本框)类。

第 15~18 行:通过 findViewById 获得四个 CheckBox(复选框)控件的引用。

第 19 行:通过 findViewById 获得一个 TextView(文本框)控件的引用。

第 20 行:通过 findViewById 获得"确定"Button(按钮)控件的引用。

第 21~35 行:通过 setOnClickListener()方法为"确定"Button(按钮)控件添加监听。其中第 24 行声明一个 String 类型的变量 str_hobby 用于存放用户的多选结果。第 25~26 行是第一个 CheckBox(复选框)控件被选中后的对应操作,其中第 26 行将选中的结果添加到 String 类型变量 str_hobby 的末尾。第 33 行是把 str_hobby 的值放入 TextView(文本框)控件中用来显示用户的选择结果。

例 Chap4_5 的运行结果界面如图 4-5 所示。其中图 4-5(a)所示为用户没有选择按钮时的初始界面,图 4-5(b)所示为用户选择第二个和第三个按钮后的界面。

(a) 初始界面 　　　　　　(b) 选择第二个和第三个按钮后的界面

图 4-5　例 Chap4_5 的运行结果

4.6 ImageView(图片)控件

在编写 Android 应用程序时,除了频繁使用文本、按钮等控件外,还要经常使用图片来设计或者美化程序界面。在 Android 应用程序开发中,通常使用 ImageView(图片)控件来进行与图片有关的操作。

4.6.1 ImageView(图片)控件的常用属性

ImageView(图片)控件继承自 View 组件,主要功能是显示图片。ImageView(图片)控件的常用属性名称和功能描述及其设置方法如表 4-6 所示。

表 4-6 ImageView(图片)控件的常用属性名称和功能描述及其设置方法

属性名称	功能描述	设置方法
android:src	设置要显示图片的来源	setImageResource(int)
android:maxWidth	定义 ImageView(图片)控件的最大宽度	setMaxWidth(int)
android:maxHeight	定义 ImageView(图片)控件的最大高度	setMaxHeight(int)
android:scaleType	设置图片的调整方式以适应 ImageView(图片)控件的尺寸	setScaleType(ImageView.scaleType)
android:adjustViewBounds	设置 ImageView(图片)控件是否调整自己的边界来保持图片长宽比	setAdjustViewBounds(boolean)

Image View(图片)控件常用 android:src="@drawable/XXX"来定义图片来源,其中 drawable 位于 res 文件夹下,XXX 是图片文件名。对于 jpg 和 png 格式的图片,在 android:src 属性中使用这两种类型的图片时可以不用后缀,直接使用文件名即可。除了在布局文件中声明图片来源之外,还可以在 Java 代码中使用 setImageResource(int resId)方法来动态地定义图片来源。其中参数 resId 是 ImageView(图片)控件在布局文件中声明的 ID,此时该图片必须放在 drawable 目录下。在 Java 代码中除了通过图片的 ID 来调用图片外,还可以调用 Bitmap、Drawable 对象和网络图片资源,它们对应的设置方法分别是 setImageBitmap(Bitmap bm)、setImageDrawable(Drawable drawable)、setImageURI(Uri uri)。

使用图片时,图片的大小有时并不能与 ImageView(图片)控件的大小保持一致,这时可以通过 android:scaleType 来缩放或者移动图片以适应 ImageView(图片)控件的大小。android:scaleType 的属性值及功能描述如表 4-7 所示。

表 4-7 android:scaleType 的属性值及功能描述

属性值	功能描述
matrix	用矩阵的方式从 ImageView(图片)控件左上角开始不缩放绘制原图,超出部分裁剪

续表

属性值	功能描述
center	保持原图的大小,显示在 ImageView(图片)控件的中心,超出部分裁剪
centerCrop	保持纵横比缩放图片,直到完全覆盖 ImageView(图片)控件为止,超出部分裁剪
centerInside	保持纵横比缩放图片,使图片内容能完整居中显示
fitXY	对图片纵向和横向不保持纵横比缩放,直到填满 ImageView(图片)控件为止
fitStart	保持纵横比缩放图片至完全放在 ImageView(图片)控件中并置于左上角
fitCenter	保持纵横比缩放图片至完全放在 ImageView(图片)控件中并置于中间
fitEnd	保持纵横比缩放图片至完全放在 ImageView(图片)控件中并置于右下角

4.6.2 ImageView(图片)控件应用举例

本节将通过一个实例来介绍 ImageView(图片)控件的使用方法。该例中会从上到下依次显示 3 张图片。其中第一张图片是未经缩放的原图,第二张图片和第三张图片都被要求显示在 100 dp×100 dp 的正方形区域,且第二张图片的属性为 android:scaleType="centerCrop",第三张图片的属性为 android:scaleType="fitCenter"。

在此例中,需要用到三个 ImageView(图片)控件,并且只需修改 XML 代码即可。首先打开集成开发环境 ADT,创建一个名为"Chap4_6"的项目,然后修改主布局文件"activity_main.xml"的部分代码如下:

```xml
1  <LinearLayout xmlns:android="http://schemas.android.com/apk/res/android"
2      xmlns:tools="http://schemas.android.com/tools"
3      android:layout_width="match_parent"
4      android:layout_height="match_parent"
5      android:orientation="vertical">
6      <ImageView
7          android:id="@+id/imageView1"
8          android:layout_height="wrap_content"
9          android:layout_width="wrap_content"
10         android:src="@drawable/pic5"
11     />
12     <ImageView
13         android:id="@+id/imageView2"
14         android:layout_height="100dp"
15         android:layout_width="100dp"
16         android:layout_gravity="center"
17         android:src="@drawable/pic5"
18         android:scaleType="centerCrop"
19     />
20     <ImageView
21         android:id="@+id/imageView3"
22         android:layout_height="100dp"
23         android:layout_width="100dp"
24         android:layout_gravity="center"
25         android:src="@drawable/pic5"
26         android:scaleType="fitCenter"
27     />
28  </LinearLayout>
```

上述代码说明如下。

第 1～5 行:定义一个线性布局。

第 6～11 行:声明一个 ImageView(图片)控件,该控件用来在界面上显示一张未经缩放的原始大小的图片。其中第 8～9 行用来设置图片是未经缩放的原始大小。

第 12～19 行:声明一个 ImageView(图片)控件,该控件保持纵横比缩放图片,直到完全覆盖 ImageView(图片)控件为止(100 dp×100 dp),原图超过 ImageView(图片)控件的部分进行裁剪处理。

第 20～27 行:声明一个 ImageView(图片)控件,该控件把原图按比例缩放使之等于 ImageView(图片)控件的宽高,缩放后放于中间。

例 Chap4_6 的运行结果界面如图 4-6 所示。对比三张图片可以发现,第二张图片虽经过了裁剪,但占满了整个 ImageView(图片)控件区域。而第三张图片虽未经过裁剪,但其并未占满整个 ImageView(图片)控件区域。

图 4-6　例 Chap4_6 的运行结果界面

4.6.3　ImageButton(图片按钮)控件

在有些 Android 应用场景中,会使用一些带有图片的按钮,这些带图片的按钮在 Android 编程中是通过 ImageButton(图片按钮)控件来实现的。ImageButton(图片按钮)控件虽然叫按钮,但它继承自 ImageView(图片)控件,不具有 android:text 属性。但是可以对 Click 事件进行监听。ImageButton(图片按钮)控件的监听方法和 Button(按钮)控件的监听方法是一样的。

ImageButton(图片按钮)控件中显示在按钮上的图片通常用两种方法来设置,一种是在布局文件中通过 android:src 属性来实现,另一种是在 Java 代码中通过 setImageResource (int)方法来实现。在某些特殊的应用场景(例如播放音频或视频),可以调用 Android 预先定义好的 ImageButton（图片按钮）控件，例如播放（ic_media_play）、快进（ic_media_ff）、暂停（ic_media_pause）等按钮控件。

4.7 时钟控件

时钟控件的使用方法相对简单，它包含两种控件，一种是 AnalogClock（模拟时钟）控件，另一种是 DigitalClock（数字时钟）控件。

4.7.1 AnalogClock（模拟时钟）控件和 DigitalClock（数字时钟）控件简介

AnalogClock（模拟时钟）控件继承自 View 类，它会在屏幕上显示一个有时针和分针的钟表盘，时针和分针会随时间做相应的转动。需要注意的是，AnalogClock（模拟时钟）控件只能模拟时针和分针，不能精确到秒。

DigitalClock（数字时钟）控件继承自 TextView 类，它会以数字的形式精确地显示时、分、秒，但却没有办法像 AnalogClock（模拟时钟）控件那样有转动的表盘。

4.7.2 时钟控件应用举例

在该例中，会在界面上显示两个时钟，分别是 AnalogClock（模拟时钟）和 DigitalClock（数字时钟）。在此例中，只需修改 XML 代码即可。首先打开集成开发环境 ADT，创建一个名为"Chap4_7"的项目，然后修改主布局文件"activity_main.xml"的部分代码如下：

```xml
1  <LinearLayout xmlns:android="http://schemas.android.com/apk/res/android"
2      xmlns:tools="http://schemas.android.com/tools"
3      android:layout_width="match_parent"
4      android:layout_height="match_parent"
5      android:orientation="vertical"
6      >
7      <AnalogClock
8          android:layout_width="match_parent"
9          android:layout_height="wrap_content"
10         android:id="@+id/anaClock"
11         />
12     <DigitalClock
13         android:layout_width="match_parent"
14         android:layout_height="wrap_content"
15         android:textSize="19sp"
16         android:gravity="center"
17         android:id="@+id/digClock"
18         />
19 </LinearLayout>
```

上述代码说明如下。

第 1～6 行：定义一个线性布局。

第 7～11 行：声明一个 AnalogClock（模拟时钟）控件，该控件会在界面上显示一个时针和分针会转动的模拟时钟。

第 12～18 行：声明一个 DigitalClock（数字时钟）控件，该控件会在界面上以数字的形式显示时间。其中第 16 行定义该 DigitalClock(数字时钟)控件会居中显示。

例 Chap4_7 的运行结果界面如图 4-7 所示。

图 4-7　Chap4_7 的运行结果界面

4.8　日期和时间控件

本节将介绍 DatePicker(日期选择器)控件和 TimePicker(时间选择器)控件。其中，DatePicker(日期选择器)控件用于实现日期输入设置，TimePicker(时间选择器)控件用于实现时间输入设置。

4.8.1　DatePicker(日期选择器)控件和 TimePicker(时间选择器)控件的常用属性

DatePicker(日期选择器)控件的主要功能是向用户提供有关日期的数据，包括年、月、日的数据。除了提供日期数据之外，DatePicker(日期选择器)控件还允许用户选择日期数据。DatePicker(日期选择器)控件的常用属性名称和功能描述及其设置方法如表 4-8 所示。

表 4-8　DatePicker(日期选择器)控件的常用属性名称和功能描述及其设置方法

属 性 名 称	功 能 描 述	设 置 方 法
android:startYear	设置允许选择日期的起始年	
android:endYear	设置允许选择日期的结束年	
android:minDate	设置允许选择的最小日期，以 mm/dd/yyyy 格式指定	setMinDate(long)
android:maxDate	设置允许选择的最大日期，以 mm/dd/yyyy 格式指定	setMaxDate(long)
android:spinnersShown	设置是否显示 Spinners	setSpinnersShown(boolean)
android:calendarViewShown	设置是否显示 calendarView	setCalendarViewShown(boolean)

用户选择了年、月、日等数据后，在 Android 应用开发中还需调用其他一些数据，调用日期数据的常用设置方法和功能描述如表 4-9 所示。

表 4-9 DatePicker(日期选择器)控件的常用设置方法和功能描述

设 置 方 法	功 能 描 述
getDayOfMonth()	获取当前日期的日子数
getMonth()	获取当前日期的月份
getYear()	获取当前日期的年份
getMinDate()	获取最小日期
getMaxDate()	获取最大日期
setEnable(boolean)	设置控件是否可用
init(int year, int monthOfYear, int dayOfMonth, onDateChangedListener)	根据传递参数初始化日期控件，增加 onDateChangedListener 监听日期变化
updateDate(int year, int month, int dayOfMonth)	根据传递的参数来更新控件的日期属性值

需要注意的是，在 DatePicker(日期选择器)控件中，月份是从 0 起始，因此在调用 getMonth()获取月份时，其结果加 1 才是真实的月份。

TimePicker(时间选择器)控件在 Android 应用开发中是用来实现时间输入设置，它有 12 小时制和 24 小时制两种模式进行时间设置。TimePicke(时间选择器)控件的常用设置方法和功能描述如表 4-10 所示。

表 4-10 TimePicker(时间选择器)控件的常用设置方法和功能描述

设置方法	功能描述
getCurrentHour()	获取当前时间的小时
getCurrentMinute()	获取当前时间的分钟
is24HourView()	获取是否为 24 小时制模式
setCurrentHour(int)	设置当前时间的小时
setCurrentMinute(int)	设置当前时间的分钟
setIs24HourView(Boolean is24HourView)	设置 24 小时制
setEnable(boolean)	设置控件是否可用
setOnTimeChangedListener(onTimeChangedListener)	增加 onTimeChangedListener 监听器监听时间的变化

4.8.2 DatePicker(日期选择器)控件和 TimePicker(时间选择器)控件应用举例

本节将举例说明 DatePicker(日期选择器)控件和 TimePicker(时间选择器)控件的用

法。在该例的界面中,有一个 DatePicker(日期选择器)控件和一个 TimePicker(时间选择器)控件,还有两个 Button(按钮)控件。当用户通过 DatePicker(日期选择器)控件和 TimePicker(时间选择器)控件设置修改了日期和时间之后,通过这两个 Button(按钮)控件来获取修改的日期和时间。

在此例中,用户既要修改 XML 代码,又要修改 Java 代码。首先打开集成开发环境 ADT,创建一个名为"Chap4_8"的项目,然后修改主布局文件"activity_main.xml"和 Java 文件"MainActivity.java"的部分代码。

1. activity_main.xml

activity_main.xml 文件的部分代码如下。

```xml
1  <LinearLayout xmlns:android="http://schemas.android.com/apk/res/android"
2      xmlns:tools="http://schemas.android.com/tools"
3      android:layout_width="match_parent"
4      android:layout_height="match_parent"
5      android:orientation="vertical"
6      >
7      <DatePicker
8          android:id="@+id/datePic"
9          android:layout_width="wrap_content"
10         android:layout_height="wrap_content"
11         />
12     <Button
13         android:text="获取设置日期"
14         android:id="@+id/butt1"
15         android:layout_width="wrap_content"
16         android:layout_height="wrap_content"
17         android:onClick="get_Date"
18         />
19     <TimePicker
20         android:id="@+id/timePic"
21         android:layout_width="wrap_content"
22         android:layout_height="350px"
23         />
24     <Button
25         android:text="获取设置时间"
26         android:id="@+id/butt2"
27         android:layout_width="wrap_content"
28         android:layout_height="wrap_content"
29         android:onClick="get_Time"
30         />
31 </LinearLayout>
```

上述代码说明如下。

第 1~6 行:定义一个线性布局。

第 7~11 行:声明一个 DatePicker(日期选择器)控件,该控件允许用户在界面上设置日期。

第 12~18 行:声明一个 Button(按钮)控件,单击该按钮后,会在按钮上显示用户设置的日期。其中第 17 行声明对该按钮的监听方法是 get_Date,它的具体步骤请参见 Java 代码部分。

第 19~23 行:声明一个 TimePicker(时间选择器)控件,该控件允许用户在界面上设置时间。

第 24~30 行:声明一个 Button(按钮)控件,单击该按钮之后,会在按钮上显示用户设置的时间。其中第 29 行声明对该按钮的监听方法是 get_Time,它的具体步骤请参见 Java 代码部分。

2. MainActivity.java

MainActivity.java 文件的部分代码如下。

```java
package com.example.chap4_8;
import android.os.Bundle;
import android.app.Activity;
import android.view.View;
import android.widget.Button;
import android.widget.DatePicker;
import android.widget.TimePicker;
public class MainActivity extends Activity {
    DatePicker dp1;
    TimePicker tp1;
    Button date1,time1;
    protected void onCreate(Bundle savedInstanceState) {
        super.onCreate(savedInstanceState);
        setContentView(R.layout.activity_main);
        dp1=(DatePicker) findViewById(R.id.datePic);
        tp1=(TimePicker) findViewById(R.id.timePic);
        date1=(Button) findViewById(R.id.butt1);
        time1=(Button) findViewById(R.id.butt2);
    }
    public void get_Date(View v)
    {
        String set_date;
        set_date=dp1.getYear()+"年"+(dp1.getMonth()+1)+"月"+
        dp1.getDayOfMonth()+"日";
        date1.setText(set_date);
    }
    public void get_Time(View v)
    {
        String set_time;
        set_time=tp1.getCurrentHour()+":"+tp1.getCurrentMinute();
        time1.setText(set_time);
    }
}
```

上述 Java 代码说明如下。

第 9 行:声明一个 DatePicker(日期选择器)类。

第 10 行:声明一个 TimePicker(时间选择器)类。

第 11 行:声明两个 Button(按钮)类。

第 15 行:通过 findViewById 获得 DatePicker(日期选择器)控件的引用。

第 16 行:通过 findViewById 获得 TimePicker(时间选择器)控件的引用。

第 17 行:通过 findViewById 获得"获取设置日期"Button(按钮)控件的引用。

第 18 行:通过 findViewById 获得"获取设置时间"Button(按钮)控件的引用。

第 20～26 行:通过 get_Date()方法为"获取设置日期"Button(按钮)控件添加监听。其中第 23～24 行把获取的日期信息存入字符串 set_date,第 25 行把字符串 set_date 的值显示在 Button(按钮)控件上。

第 27～32 行:通过 get_Time()方法为"获取设置时间"Button(按钮)控件添加监听。其中第 30 行把获取的日期信息存入字符串 set_time,第 31 行把字符串 set_time 的值显示在 Button(按钮)控件上。

例 Chap4_8 的运行结果界面如图 4-8 所示。

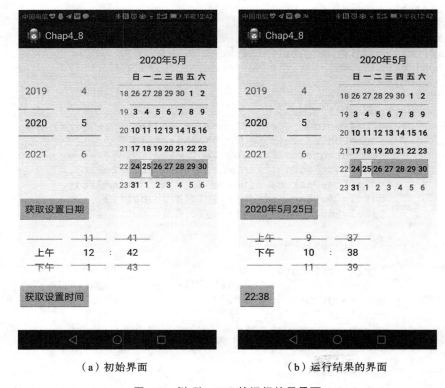

（a）初始界面　　　　　　　　（b）运行结果的界面

图 4-8　例 Chap4_8 的运行结果界面

4.9　习　　题

1. 编写一个 Android 应用程序实现以下功能:在浅蓝色的手机屏幕上显示自己的姓名和学号,通过单击屏幕上的按钮能更改背景的颜色。

2. 设计并实现一个在线选课的界面,要求至少提供 6 门课程,并且允许多选。用户在单击屏幕上的"确定"按钮之后,选择的课程名称要显示在屏幕下方。

3. 设计一款象棋游戏的登录界面,要求能录入账号、密码,其中密码要求以密码格式录入。界面上还要求有"登录"和"注册"两个按钮。在用户单击"登录"按钮后,在屏幕上显示"欢迎 XXX(XXX 代表账号名称)!",在用户单击"注册"按钮后,在屏幕上显示"欢迎新用户注册!"

第 5 章 Activity 组成及其调用

Android 应用程序共有 Activity、Service、Content Provider 和 BroadcastReceiver 四大组件，其中 Activity 是 Android 组件中最基本也是最常用的组件。在 Android 应用中，可以把 Activity 理解成一个屏幕界面，或者理解成手机屏幕上的一个窗口。用户可以通过这个界面或者窗口进行人机交互以便执行某些操作，例如拨打电话、发送短信、拍照或者看视频等。

5.1 Activity 简介

Activity 与界面之间的关系可以简单地理解为一个界面对应一个 Activity，每个 Activity 都有一个窗口，用于显示控件和绘制用户界面。通常情况下，窗口会填满整个屏幕，但有时会比屏幕小，并且悬浮在其他窗口的顶部。

Android 应用程序可以由一个或多个 Activity 组成，但无论应用程序由几个 Activity 组成，主 Activity（MainActivity）只有一个。这个主 Activity（MainActivity）在首次启动 Android 应用程序时出现，然后逐级调用新的 Activity 以便执行不同的操作。在每次调用新的 Activity 时，前一个 Activity 会自动停止，但系统仍会把前一个 Activity 保留在后台的堆栈中。

运行 Android 应用程序时，Activity 会在四种基本状态中转换。

1. 激活/运行状态

一个新的 Activity 被启动后，会显示在屏幕的最前端，此时它拥有焦点并处于可见状态或者是能和用户进行交互的激活/运行（Active/Running）状态。

2. 暂停状态

当一个 Activity 失去焦点，被一个新的非全屏的 Activity 或者一个透明的 Activity 覆盖时，失去焦点的 Activity 处于暂停（Paused）状态。此时失去焦点的 Activity 界面有部分可见，依然与窗口管理器保持连接，具有活力（保持所有的状态和成员信息）。但因为已经失去了焦点，所以不能与用户进行交互，在系统内存严重不足时甚至会被强行终止。

3. 停止状态

当一个 Activity 失去焦点，被另一个 Activity 完全覆盖时，失去焦点的 Activity 处于停止（Stopped）状态。处于停止状态的 Activity 依然保持所有的状态和成员信息，但是它的所有窗口被隐藏，不再可见。如果系统内存需要调用到其他地方，则处于停止状态的 Activity 会被强行终止。

4. "杀死"状态

如果一个 Activity 处于暂停状态或者停止状态，则系统可以将该 Activity 从内存中删除,此时该 Activity 处于"杀死"(Killed)状态。Android 系统通常采取两种方式来"杀死"Activity,一种方式是要求用户结束该 Activity,另一种方式是系统直接终止它的进程。如果用户调用一个处于"杀死"状态的 Activity,它必须重新开始和重置前面的状态。

在 Android 应用程序中,当一个 Activity 被创建之后,它会在这四种基本状态之间转换,何时发生状态的转换取决于用户程序的动作。Activity 在不同状态之间的转换的条件如图 5-1 所示。

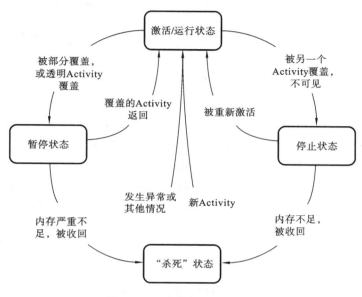

图 5-1 四种基本状态的转换

从图 5-1 可以看出,Android 程序员在开发应用程序时可以决定一个 Activity 何时"出生",但无法决定一个 Activity 何时"死亡"。这是因为 Android 是通过一种 Activity 堆栈的方式来管理 Activity 的。在堆栈中,前台处于激活或运行状态的 Activity 总是在堆栈的最顶端,当前台的 Activity 因为异常或其他原因被终止时,位于第二层的 Activity 将上浮一层到栈顶并被激活。当新的 Activity 被启动并入栈时,原 Activity 会被下压至第二层。每个 Activity 在堆栈中位置的改变对应的是该 Activity 在不同状态之间的转换。Activity 在栈中的位置与 Activity 的状态之间的对应关系如图 5-2 所示。

在图 5-2 中,开始时 Activity2 处于激活状态,并位于栈顶。Activity3、Activity4 和 Activity5 都位于栈内,并处于暂停状态或停止状态。如果启动一个新的 Activity1,此时 Activity2 会被推压入栈;如果用户按返回键,Activity2 就会出栈,Activity3 就会升到栈顶;如果系统内存不足,系统就会回收掉 Activity5。

在 Android 系统中,除了位于最顶层的处于激活状态的 Activity 外,其余的 Activity 都有可能在系统内存不足时被回收。越是位于堆栈底层的 Activity,它被回收的可能性越大。

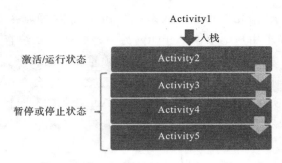

图 5-2　Activity 在堆栈中位置与 Activity 的状态之间的对应关系

5.2　简单调用 Activity

在前面的学习中,分析的都是只有一个 Activity 的简单应用程序。在实际应用中,很多应用程序需要不止一个操作界面,有可能是两个甚至是多个操作界面,而界面之间不可避免地会有互相调用的情况存在,这会涉及如何从一个 Activity 调用另一个 Activity。本节介绍调用 Activity 的简单情况,即无需传递参数给新的 Activity,同时新的 Activity 也没有返回值,这是调用 Activity 的最简单情况。后面章节将逐步深入到传递参数给新的 Activity 和带返回值的复杂情况。

5.2.1　简单调用 Activity 的常用方法

在调用 Activity 的过程中,经常会用到一些方法,具体如表 5-1 所示。

表 5-1　调用 Activity 的常用方法和功能描述

方法	功能描述
startActivity(intent)	启动一个新的 Activity
setContentView()	将指定的布局资源文件加载到对应的 Activity
intent.setClass(this, class)	不需要返回值,从一个 Activity 跳转到另一个 Activity

在表 5-1 中,setContentView()方法并不陌生,在前面所有例子的 MainActivity.java 代码中都有 setContentView(R.layout.activity_main),它的作用是把布局文件和程序的 Java 源代码联系起来,形成配对。在调用另一个 Activity 时,也需要将第二个 Activity 的 Java 源代码和对应的布局文件配对,因此需要在第二个 Activity 的 Java 源代码中使用 setContentView()方法来指定对应的布局资源文件。

在表 5-1 中,startActivity()和 intent.setClass()两个方法都与 intent 有关,intent 是一个桥梁,在调用新的 Activity 时,新旧两个 Activity 无需直接联系,通过 intent 即可实现。intent 翻译成中文有"意图"的意思,在 Android 系统里,可以把它理解成一个将要执行的动作的抽象描述。各组件之间的通信一般是由 intent 来协助完成的,例如通过 startActivity(intent)来启动一个新的 Activity。intent 好像是 Activity 之间的桥梁,其主要作用是用来启动其他的 Activity 或者 Service。

intent 分为显式 intent 和隐式 intent 两种。其中显示 intent 直接设置要调用的 Activity，而这个 Activity 就可以唯一被确定，不会产生歧义。显式 intent 的意图明确，因此被称为显式的。与显式 intent 相比，隐式 intent 则比较含蓄，它不明确指明想要启动某个 Activity，而是通过给出 action、category 等抽象的限定条件，交由系统去分析 intent 要调用哪个 Activity。

显式 intent 常用 setClass、setClassName、setComponent 来调用 Activity，其中 setClass 只能在一个应用的内部调用另外一个 Activity，无法实现跨应用程序的调用。setClassName 和 setComponent 都能够实现跨工程和跨应用的调用 Activity。它们的具体用法如下。

● setClass(Context packageContext，Class ClassName.class)。setClass 有两个参数，第一个参数表示所在工程文件的上下文，第二个参数表示要调用的 Activity 的名字。调用 SecondActivity 用法如下：

```
Intent intent=new Intent();
Intent.setClass(MainActivity.this, SecondActivity.class);
startActivity(intent);
```

● setClassName(String packageName，String ClassName)。setClassName 有两个参数，其中第一个参数代表要启动的 Activity 所在的应用的包名，第二个参数表示要启动的 Activity 的类名，该名称必须是由 Activity 所在的包＋Activity 构成的完整名称，否则要调用的 Activity 找不到。调用第 5.3 节中的例 Chap5_2 中的 MainActivity 的用法如下：

```
Intent intent=new Intent();
Intent.setClassName("com.example.chap5_2","com.example.chap5_2.MainActivity");
startActivity(intent);
```

● setComponent(ComponentName componentName)。setComponent 中的 ComponentName 有两个参数，第一个参数是要调用 Activity 所在的包名，第二个参数包含有 Activity 类名的完整名称。调用第 5.3 节中的例 Chap5_2 中的 MainActivity 的用法如下：

```
Intent intent=new Intent();
ComponentName componentName = new ComponentName("com.example.chap5_2","com.example.chap5_2.MainActivity");
Intent.setComponentName(componentName);
startActivity(intent);
```

5.2.2 简单调用 Activity 应用举例

一个 Activity 调用另一个 Activity 时，除要有常规的"activity_main.xml"布局文件和"MainActivity.java"源代码之外，还需创建新的 Activity 对应的 Java 源代码和布局资源文件，并修改"MainActivity.java"和"AndroidManifest.xml"这两个文件。下面举例说明如何简单调用一个 Activity。

在该例中,初始界面中有一个"调用新的 Activity"按钮,当用户单击该按钮时,会调用一个新的 Activity,并在新的界面上显示"第二个 Activity 调用成功!"。在此例中,首先创建名为"Chap5_1"的项目,然后修改"activity_main.xml"布局文件和"MainActivity.java"源代码,接着为第二个 Activity 添加"second.xml"和"SecondActivity.java"两个文件,最后修改"AndroidManifest.xml"文件。

1. activity_main.xml

activity_main.xml 文件的部分代码如下:

```
1  <LinearLayout xmlns:android="http://schemas.android.com/apk/res/android"
2      xmlns:tools="http://schemas.android.com/tools"
3      android:layout_width="match_parent"
4      android:layout_height="match_parent"
5      android:orientation="vertical"
6      >
7      <TextView
8          android:layout_width="wrap_content"
9          android:layout_height="wrap_content"
10         android:text="@string/hello_world"
11     />
12     <Button
13         android:id="@+id/butt1"
14         android:layout_width="wrap_content"
15         android:layout_height="wrap_content"
16         android:text="调用新的Activity"
17         android:layout_gravity="center"
18     />
19 </LinearLayout>
```

上述代码说明如下。

第 1～6 行:定义一个线性布局。

第 7～11 行:声明一个 TextView(文本框)控件,在第一个 Activity 对应的界面显示提示信息。

第 12～18 行:声明一个 Button(按钮)控件,其中第 13 行声明该控件的 id,第 16 行声明在 Button(按钮)上显示的提示信息,第 17 行声明该控件是居中显示的。

2. MainActivity.java

MainActivity.java 文件的部分代码如下。

```
1  package com.example.chap5_1;
2  import android.os.Bundle;
3  import android.app.Activity;
4  import android.content.Intent;
5  import android.view.Menu;
6  import android.view.View;
7  import android.widget.Button;
8  public class MainActivity extends Activity {
9      private Button butt1;
```

第5章 Activity 组成及其调用

```
10    protected void onCreate(Bundle savedInstanceState) {
11        super.onCreate(savedInstanceState);
12        setContentView(R.layout.activity_main);
13        butt1=(Button)findViewById(R.id.butt1);
14        butt1.setOnClickListener(new Button.OnClickListener()
15            {
16                public void onClick(View v)
17                {
18                    Intent intent=new Intent();
19                    intent.setClass(MainActivity.this, SecondActivity.class);
20                    startActivity(intent);
21                }
22            }
23        );
24    }
25 }
```

上述 Java 代码说明如下。

第 9 行:声明一个 Button(按钮)类。

第 12 行:将当前的"MainActivity. java"与布局文件"activity_main. xml"配对。

第 13 行:通过 findViewById 获得 Button(按钮)控件的引用。

第 14~23 行:通过 setOnClickListener()方法为 Button(按钮)控件添加监听,当监听到用户单击 Button(按钮)控件时,调用第二个 Activity。其中,第 19 行指定要调用的 SencondActivity 的 class,并声明此次调用不需要返回值。第 20 行启动 SecondActivity。

3. second. xml

"second. xml"是需要用户创建的第二个 Activity 的布局资源文件,创建该文件时,首先在 ADT 集成开发环境左上角的"File"菜单中依次选择"New"→"Android XML File",屏幕上会弹出如图 5-3 所示的对话框;然后在"Resource Type"项中选择"Layout",在"Project"项中选择项目名"Chap5_1";其次在"File"项中键入第二个 Activity 的布局资源文件名"second. xml";最后单击下方的"Finish"按钮就完成了"second. xml"的创建过程。

second. xml 的部分代码如下:

```
1  <LinearLayout xmlns:android="http://schemas.android.com/apk/res/android"
2      android:layout_width="match_parent"
3      android:layout_height="match_parent"
4      android:orientation="vertical"
5      >
6      <TextView
7          android:layout_width="match_parent"
8          android:layout_height="wrap_content"
9          android:text="@string/hello_world2"
10         />
11 </LinearLayout>
```

上述代码说明如下。

第 1~5 行:定义一个线性布局。

第 6~10 行:声明一个 TextView(文本框)控件,在第二个 Activity 对应的界面显示提示信息。

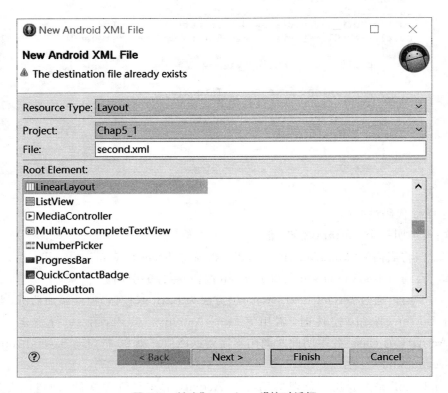

图 5-3 创建"second.xml"的对话框

4. SecondActivity.java

"SecondActivity.java"是需要用户创建的第二个 Activity 的 Java 代码文件,创建该文件时,首先在 ADT 集成开发环境左上角的"File"菜单中依次选择"New"→"Class",屏幕上会弹出如图 5-4 所示的对话框;然后在"Source folder"项中选择"Chap5_1"文件夹下的"src"目录;其次在"Package"项中可以用默认的包,也可以选择"com.example.chap5_1",然后在"Name"项中键入第二个 Activity 的 Java 源文件名"SecondActivity";最后单击下方的"Finish"按钮就完成了"SecondActivity.java"的创建过程。

SecondActivity.java 的代码如下:

```
1   package com.example.chap5_1;
2   import android.app.Activity;
3   import android.os.Bundle;
4   public class SecondActivity extends Activity {
5       public void onCreate(Bundle savedInstanceState) {
6           super.onCreate(savedInstanceState);
7           setContentView(R.layout.second);
8       }
9   }
```

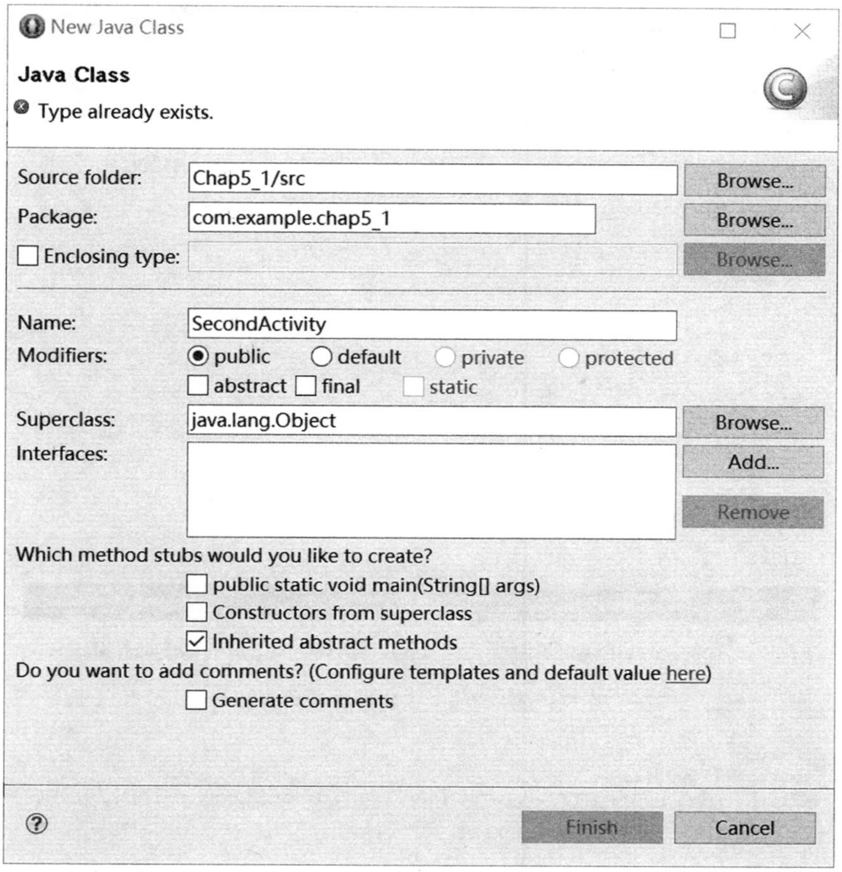

图 5-4 创建"SecondActivity.java"的对话框

上述代码说明如下。

第 7 行声明"SecondActivity.java"对应的布局文件是"second.xml"。

5. AndroidManifest.xml

第二个 Activity 对应的文件创建完成之后,还要在"AndroidManifest.xml"文件中添加第二个 Activity 的配置信息。只需在⟨application⟩节点中添加以下代码即可。

```
1    <activity
2        android:name="com.example.chap5_1.SecondActivity"
3        android:label="@string/app_name" >
4    </activity>
```

修改后的代码(例 Chap5_1)的运行结果界面如图 5-5 所示。在第一个 Activity 的界面(见图 5-5(a))单击按钮就会跳转到第二个 Activity(见图 5-5(b))。

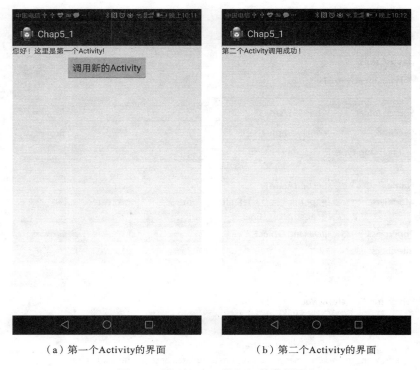

（a）第一个Activity的界面　　　　　（b）第二个Activity的界面

图 5-5　例 Chap5_1 的运行结果界面

5.3　调用另一个 Activity 时传递数据的方法

第 5.2 节分析的是调用另一个 Activity 时无需返回值、无需传递参数的最简单应用场景。在实际应用中，常用的应用程序在调用另一个 Activity 时需要传递参数（例如常用的 QQ、微信、支付宝等程序）。此时，就涉及两个 Activity 之间如何传递参数的问题。本节在前面介绍简单调用 Activity 的基础之上，介绍需要传递参数给新的 Activity，但同时新的 Activity 无返回值的调用方法。

5.3.1　Activity 传递参数的常用方法

在 Android 应用中调用新的 Activity 时，经常需要向目标 Activity 传递数据，此时除了需要 Intent 这个桥梁之外，还需要 Bundle 来封装数据。Bundle 主要用来保存数据，通过 Intent 在 Activity 之间传递数据。这些数据可以是 boolean、byte、int、long、float、double、string 等基本类型或它们对应的数组，也可以是对象或对象数组。当 Bundle 传递的是对象或对象数组时，必须实现 Serializable 或 Parcelable 接口。

调用新的 Activity 传递数据时，通常有两种方法：一种方法是把数据放入 Bundle，再把 Bundle 放入 Intent 中，通过 startActivity(intent) 即可实现数据的传递。另一种方法是把数据直接放入 Intent（此时数据为简单数据），然后调用 startActivity(intent) 即可实现数据的传递。需要说明的是,这两种方法本质上都是一样的,因为 Intent 内部也有一个 Bundle。这两种传递数据方式的用法如下。

1. Bundle 和 Intent 联合使用

发送数据:

```
intent=new Intent(MainActivity.this,SecondActivity.class);
Bundle bundle=new Bundle();
bundle.putString("name","张三");              //将数据放入 Bundle
intent.putExtras(bundle);                    //将 Bundle 绑定 Intent
startActivity(intent);                       //调用新的 Activity 并传递数据
```

接收数据:

```
Intent intent=getIntent();                   //获取 Intent
Bundle bundle=intent.getExtras();            //从 Intent 中取出 Bundle
String name= bundle.getString("name");       //获取传递的数据"张三"
```

2. 使用 Intent

发送数据:

```
intent=new Intent();
intent.setClass(MainActivity.this,SecondActivity.class);
intent.putExtra("name", "张三");             //将数据放入 Intent 内部 Bundle
startActivity(intent);                       //调用新的 Activity 并传递数据
```

接收数据:

```
Intent intent=getIntent();                   //获取 Intent
Bundle bundle=intent.getExtras();            //从 Intent 中取出 Bundle
String name=bundle.getString("name");        //获取传递的数据"张三"
```

5.3.2 带参数调用 Activity 应用举例

两个 Activity 之间传递数据的编程方法是在简单调用 Activity 基础之上实现的。因此,要添加的程序和要修改的程序都是类似的。除了要有常规的"activity_main.xml"布局文件和"MainActivity.java"源代码之外,还需创建新的 Activity 对应的 Java 源代码和布局资源文件,并修改"MainActivity.java"和"AndroidManifest.xml"这两个文件。下面举例说明如何在两个 Activity 之间传递数据。

假设初始界面中有一个 EditText(输入框)控件等待用户输入今天的日期,用户录入日期之后,单击"调用新的 Activity"按钮。系统会调用这个新的 Activity,并在新的界面上显示两行字,第一行是"第二个 Activity 调用成功!",第二行是用户录入的日期。在此例中,首先创建名为"Chap5_2"的项目,然后修改"activity_main.xml"布局资源文件和"MainActivity.java"源代码,接着使用在第 5.2 节中用到的创建文件的方法为第二个 Activity

添加"second.xml"和"SecondActivity.java"两个文件,最后修改"AndroidManifest.xml"文件。

1. activity_main.xml

activity_main.xml 文件的代码如下。

```xml
1   <LinearLayout xmlns:android="http://schemas.android.com/apk/res/android"
2       xmlns:tools="http://schemas.android.com/tools"
3       android:layout_width="match_parent"
4       android:layout_height="match_parent"
5       android:orientation="vertical"
6       >
7   <TextView
8       android:layout_width="wrap_content"
9       android:layout_height="wrap_content"
10      android:text="@string/hello_world"
11   />
12  <EditText
13      android:id="@+id/date"
14      android:layout_width="match_parent"
15      android:layout_height="wrap_content"
16   />
17  <Button
18      android:id="@+id/butt1"
19      android:layout_width="wrap_content"
20      android:layout_height="wrap_content"
21      android:text="调用新的Activity"
22      android:layout_gravity="center"
23   />
24  </LinearLayout>
```

上述代码说明如下。

第 1~6 行:定义一个线性布局。

第 7~11 行:声明一个 TextView(文本框)控件,在第一个 Activity 对应的界面显示提示信息。

第 12~16 行:声明一个 EditText(输入框)控件,在第一个 Activity 对应的界面等待录入信息。

第 17~23 行:声明一个 Button(按钮)控件。其中,第 18 行声明该控件的 id,第 21 行声明在 Button(按钮)控件上显示的提示信息,第 22 行声明该控件是居中显示的。

2. MainActivity.java

MainActivity.java 文件的代码如下。

```java
1   package com.example.chap5_2;
2   import android.os.Bundle;
3   import android.app.Activity;
4   import android.content.Intent;
5   import android.view.Menu;
6   import android.view.View;
7   import android.widget.Button;
8   import android.widget.EditText;
9   public class MainActivity extends Activity {
10      private Button butt1;
11      private EditText date;
```

• 84 •

```
12      protected void onCreate(Bundle savedInstanceState) {
13          super.onCreate(savedInstanceState);
14          setContentView(R.layout.activity_main);
15          butt1=(Button)findViewById(R.id.butt1);
16          date=(EditText)findViewById(R.id.date);
17          butt1.setOnClickListener(new Button.OnClickListener()
18              {
19                  public void onClick(View v)
20                  {
21                      String myDate=date.getText().toString();
22                      Intent intent=new Intent();
23                      intent.setClass(MainActivity.this, SecondActivity.class);
24                      Bundle bundle=new Bundle();
25                      bundle.putString("date", myDate);
26                      intent.putExtras(bundle);
27                      startActivity(intent);
28                  }
29              }
30          );
31      }
32  }
```

上述 Java 代码说明如下。

第 10 行:声明一个 Button(按钮)类。

第 11 行:声明一个 EditText(输入框)类。

第 14 行:将当前的"MainActivity.java"与布局文件"activity_main.xml"配对。

第 15 行:通过 findViewById 获得 Button(按钮)控件的引用。

第 16 行:通过 findViewById 获得 EditText(输入框)控件的引用。

第 17~30 行:通过 setOnClickListener()方法为 Button(按钮)控件添加监听,当监听到用户单击 Button(按钮)控件时,调用第二个 Activity 并传递参数。其中,第 23 行声明意图从 MainActivity 调用 SecondActivity,第 25 行把 mydate 的值放入 Bundle 的键值"date"中,第 26 行将 Bundle 和 Intent 绑定在一起,第 27 行启动 SecondActivity。

3. second.xml

second.xml 文件的代码如下。

```
1   <LinearLayout xmlns:android="http://schemas.android.com/apk/res/android"
2       android:layout_width="match_parent"
3       android:layout_height="match_parent"
4       android:orientation="vertical"
5       >
6       <TextView
7           android:layout_width="match_parent"
8           android:layout_height="wrap_content"
9           android:text="@string/hello_world2"
10          />
11      <TextView
12          android:layout_width="match_parent"
13          android:layout_height="wrap_content"
14          android:id="@+id/date2"
15          />
16  </LinearLayout>
```

上述代码说明如下。

第 1~5 行:定义一个线性布局。

第 6~10 行:声明一个 TextView(文本框)控件,在第二个 Activity 对应的界面显示提示信息。

第 11~15 行:声明一个 TextView(文本框)控件,在第二个 Activity 对应的界面显示传入的日期信息。

4. SecondActivity.java

SecondActivity.java 文件的代码如下。

```java
package com.example.chap5_2;
import android.app.Activity;
import android.os.Bundle;
import android.widget.TextView;
public class SecondActivity extends Activity {
    private TextView tv2;
    public void onCreate(Bundle savedInstanceState) {
        super.onCreate(savedInstanceState);
        setContentView(R.layout.second);
        Bundle bundle=this.getIntent().getExtras();
        String myDate=bundle.getString("date");
        tv2=(TextView)findViewById(R.id.date2);
        tv2.setText("今天是:"+myDate);
    }
}
```

上述 Java 代码的说明如下。

第 6 行:声明一个 TextView(文本框)类。

第 9 行:声明当前的 Java 源文件与"second.xml"配对。

第 10 行:将 Bundle 从 Intent 中取出。

第 11 行:将 Bundle 中的"date"键值赋给 myDate。

第 12 行:通过 findViewById 获得 TextView(文本框)控件的引用。

第 13 行:将 myDate 中保存的日期显示在界面。

5. AndroidManifest.xml

"AndroidManifest.xml"文件的修改方法与例 Chap5_1 的修改方法类似,此处不再重复介绍。

修改后的代码(例 Chap5_2)的运行结果界面如图 5-6 所示。在第一个 Activity 的界面(见图 5-6(a))单击按钮就会跳转到第二个 Activity 的界面(见图 5-6(b)),并将日期数据传递过去。

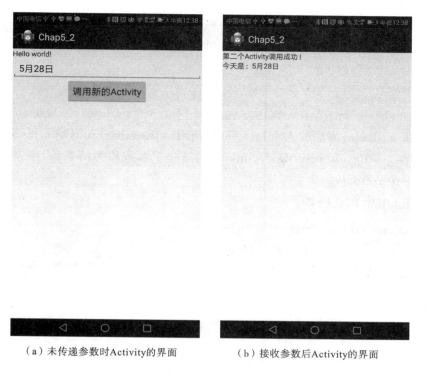

（a）未传递参数时Activity的界面　　（b）接收参数后Activity的界面

图 5-6　例 Chap5_2 的运行结果界面

5.4　带返回值的 Activity 调用

在 Android 应用程序中，经常会在 Activity1 中单击按钮激活 Activity2 并传递参数给 Activity2，在 Activity2 中处理完信息后再单击"返回"按钮把信息返回给 Activity1。这就是典型的带返回值的 Activity 调用。

5.4.1　带返回值的 Activity 调用方法

如果调用的 Activity2 返回值给 Activity1，那么在第 5.2 节和第 5.3 节用到的激活 Activity2 的 startActivity()方法不再适用，而应使用 startActivityForResult()方法来调用 Activity2。在 Activity2 中，监听到"返回"按钮被单击后，通过 setResult()方法把数据传回 Activity1。最后在 Activity1 中还需用 OnActivityResult()方法处理返回的结果和数据。数据传递和返回的具体过程如下。

- 在 MainActivity 中，startActivityForResult(Intent intent, int requestCode)方法有两个参数，第一个参数是 intent，第二个参数是请求码，如果多个地方调用了这个方法，可以通过设置不同的请求码来区分是哪个地方调用的这个方法。如果只调用了一次，则请求码无意义。具体代码如下：

```
Intent intent=new Intent(this, Activity2.class);
Bundle bundle=new Bundle();
bundle.putString("start", "one");
intent .putExtras(bundle);
startActivityForResult(intent,1);          //1为请求码
```

● 在 SecondActivity 中,首先调用方法 Intent intent＝getIntent()获得意图 Intent,然后将数据采用 putExtra 方法放入 Intent 中,再调用 setResult(resultCode,intent)方法设置好返回的数据。setResult(resultCode,intent)的第一个参数称为结果码,用来标识返回的数据来自哪一个 Activity。

(1) 获取 Intent 的代码如下：

```
Intent intent=this.getIntent();
Bundle bundle=intent .getExtras();
String string=bundle .getString("start");  //获取 Intent 传递数据
```

(2) 单击"返回"按钮后,将数据返回 MainActivity,代码如下：

```
Intent intent=new Intent();
Bundle bundle=new Bundle();
bundle.putString("back", "two");
intent.putExtras(bundle);
setResult(RESULT_OK, intent);              //将数据返回给 MainActivity
finish();                                   //结束当前 Activity
```

● 在 MainActivity 中,调用 onActivityResult(int requestCode, int resultCode, Intent data)方法来处理返回的结果和数据。具体代码如下：

```
onActivityResult(int requestCode, int resultCode, Intent data){
    switch(resultCode){
        case RESULT_OK:
            Bundle bundle=data.getExtras();
            String string=bundle.getString("back ");
    }
}
```

5.4.2 带返回值的 Activity 调用应用举例

带返回值的 Activity 的编程方法是在带参数调用 Activity 基础之上实现的,因此,要添加的程序和要修改的程序与第 5.3 节中的例子类似。下面举例说明如何从被调用的第二个 Activity 将数据返回到第一个 Activity。

此例中的第一个 Activity 界面与第 5.3 节中的 Chap5_2 的第一个 Activity 界面相同,只不过在第二个 Activity 界面上多了一个"返回第一个 Activity"按钮。在此例中,首先创

建名为"Chap5_3"的项目,然后修改"activity_main.xml"布局资源文件和"MainActivity.java"源代码,接着使用第 5.2 节中用到的创建文件的方法为第二个 Activity 添加"second.xml"和"SecondActivity.java"两个文件,最后修改"AndroidManifest.xml"文件。

1. activity_main.xml

activity_main.xml 文件的部分代码与第 5.3 节中例 Chap5_2 的"activity_main.xml"文件代码相同。

2. MainActivity.java

MainActivity.java 文件的代码如下。

```
1   package com.example.chap5_3;
2   import android.os.Bundle;
3   import android.app.Activity;
4   import android.content.Intent;
5   import android.view.View;
6   import android.widget.Button;
7   import android.widget.EditText;
8   public class MainActivity extends Activity {
9       private Button butt1;
10      private EditText date;
11      protected void onCreate(Bundle savedInstanceState) {
12          super.onCreate(savedInstanceState);
13          setContentView(R.layout.activity_main);
14          butt1=(Button)findViewById(R.id.butt1);
15          date=(EditText)findViewById(R.id.date);
16          butt1.setOnClickListener(new Button.OnClickListener()
17          {
18              public void onClick(View v)
19              {
20                  String myDate=date.getText().toString();
21                  Intent intent=new Intent();
22                  intent.setClass(MainActivity.this, SecondActivity.class);
23                  Bundle bundle=new Bundle();
24                  bundle.putString("date", myDate);
25                  intent.putExtras(bundle);
26                  startActivityForResult(intent,1);
27              }
28          });
29      }
30      protected void onActivityResult(int requestCode, int resultCode, Intent data)
31      {
32          switch (resultCode){
33              case RESULT_OK:
34                  Bundle bundle = data.getExtras();
35                  String string = bundle.getString("back");
36                  date.setText(string);
37          }
38      }
39
40  }
```

上述 Java 代码大部分与 Chap5_2 的代码相同,不同部分说明如下。

第 26 行:使用 startAcctivityForResult 方法启动 SecondActivity,说明这是一次需要 SecondActivity 返回值的调用。

第 30～38 行:通过重写 onActivityResult 方法来处理返回的数据。其中,第 34 行获得从 SecondActivity 返回的封装数据 Bundle,第 35 行获取返回的字符串并赋值给 string,第

36 行将返回数据的内容显示出来。

3. second.xml

second.xml 文件的代码如下。

```xml
1   <LinearLayout xmlns:android="http://schemas.android.com/apk/res/android"
2       android:layout_width="match_parent"
3       android:layout_height="match_parent"
4       android:orientation="vertical"
5       >
6       <TextView
7           android:layout_width="match_parent"
8           android:layout_height="wrap_content"
9           android:text="@string/hello_world2"
10          />
11      <TextView
12          android:layout_width="match_parent"
13          android:layout_height="wrap_content"
14          android:id="@+id/date2"
15          />
16      <Button
17          android:layout_width="wrap_content"
18          android:layout_height="wrap_content"
19          android:text="返回第一个Activity"
20          android:layout_gravity="center"
21          android:id="@+id/butt2"
22          />
23  </LinearLayout>
```

上述代码大部分与 Chap5_2 的"second.xml"文件代码相同,只是增加了一个"返回"按钮,不同部分说明如下。

第 16~22 行：声明一个 Button(按钮)控件。其中,第 19 行声明按钮上的文字为"返回第一个 Activity",第 20 行声明该按钮为居中显示,第 21 行声明其 id 为"butt2"。

4. SecondActivity.java

SecondActivity.java 文件的代码如下。

```java
1   package com.example.chap5_3;
2   import android.app.Activity;
3   import android.os.Bundle;
4   import android.widget.TextView;
5   import android.widget.Button;
6   import android.view.View;
7   import android.content.Intent;
8   public class SecondActivity extends Activity {
9       private TextView tv2;
10      private Button butt2;
11      Bundle bundle;
12      Intent intent;
13      public void onCreate(Bundle savedInstanceState) {
14          super.onCreate(savedInstanceState);
15          setContentView(R.layout.second);
16          tv2=(TextView)findViewById(R.id.date2);
17          butt2=(Button)findViewById(R.id.butt2);
```

```
18          intent=this.getIntent();
19          bundle=intent.getExtras();
20          String myDate=bundle.getString("date");
21          tv2.setText("今天是："+myDate);
22          butt2.setOnClickListener(new Button.OnClickListener()
23          {
24              public void onClick(View v)
25              {
26                  String value2="从第二个Activity返回成功！";
27                  bundle.putSerializable("back", value2);
28                  intent.putExtras(bundle);
29                  SecondActivity.this.setResult(RESULT_OK,intent);
30                  SecondActivity.this.finish();
31              }
32          });
33      }
34  }
```

上述代码大部分与例 Chap5_2 的"SecondActivity.java"文件代码相同，只是增加了对"返回"按钮的监听，不同部分说明如下。

第 22～32 行：定义对返回 Button（按钮）控件的监听。其中，第 26 行声明要返回给第一个 Activity 的字符串为"从第二个 Activity 返回成功！"，第 27 行把字符串送入 Bundle，第 28 行将 Bundle 和 Intent 进行绑定，第 29 行通过 Intent 将数据返回给 MainActivity。

5. AndroidManifest.xml

这部分代码与例 Chap5_2 中的 AndroidManifest.xml 文件的代码类似，这里就不加以说明了。

修改后的代码（例 Chap5_3）的运行结果界面如图 5-7 所示。在第一个 Activity 的界面

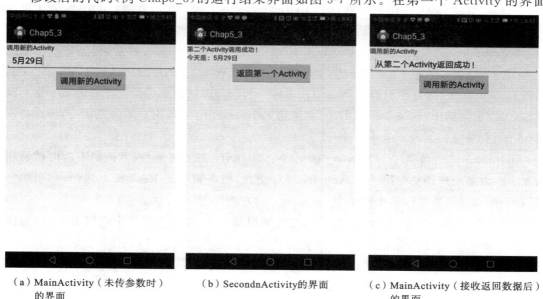

（a）MainActivity（未传参数时）　　（b）SecondnActivity 的界面　　（c）MainActivity（接收返回数据后）
　　的界面　　　　　　　　　　　　　　　　　　　　　　　　　　　　　的界面

图 5-7　例 Chap5_3 的运行结果界面

(见图 5-7(a))单击按钮就会跳转到第二个 Activity 的界面(见图 5-7(b)),并将日期数据传递过去,在第二个 Activity 单击按钮会返回第一个 Activity 并带回一句话"从第二个 Activity 返回成功!"(见图 5-7(c))。

5.5 Activity 的生命周期

由第 5.1 节内容可知,Android 应用程序的 Activity 的过程会在激活、暂停、停止和"杀死"这四个基本状态之间转换。而 Activity 在各种状态之间的转换是通过 7 个生命周期方法来实现的,即 onCreate()、onStart()、onRestart()、onResume()、onPause()、onStop()和 onDestroy()。

5.5.1 生命周期方法简介

onCreate()、onStart()、onRestart()、onResume()、onPause()、onStop()和 onDestroy()这 7 个方法的功能如下。

(1) onCreate():第一次创建 Activity 时被调用,此方法的功能是初始化数据,例如执行所有的静态设置、创建视图、把数据绑定到列表等。该方法后面始终会接 onStart()方法。

(2) onStart():当 Activity 被显示到屏幕上时调用此方法,此时 Activity 还未完全对用户可见,即用户还无法与界面之间进行交互。

(3) onRestart():当 Activity 被停止后再次被激活之前调用此方法。该方法后面始终会接 onStart()方法。

(4) onResume():在用户即将与 Activity 开始交互之前调用。此时,Activity 处于堆栈的最顶层,并且有用户输入焦点。该方法后面始终接 onPause()方法。

(5) onPause():当第一个 Activity 开始调用第二个 Activity 的时候,首先将调用第一个 Activity 的 onPause()方法,然后调用第二个 Activity 的 onCreate()、onStart()、onResume()方法,接着调用第一个 Activity 的 onStop()方法。如果第一个 Activity 重新获得焦点,则重新调用 onResume()方法;如果第一个 Activity 进入用户不可见状态,那么将调用 onStop()方法。

(6) onStop():当第一个 Activity 被第二个 Activity 完全覆盖,或者被销毁的时候调用此方法。如果用户还要与第一个 Activity 进行交互,则将调用 onRestart 方法();如果第一个 Activity 将被"杀死",那么将调用 onDestroy()方法。

(7) onDestroy():在 Activity 被销毁之前调用此方法,或者在程序中调用 finish()方法来结束 Activity 的时候调用此方法。在此方法中可以进行收尾工作,如释放资源等。

Activity 的各生命周期方法之间的调用关系如图 5-8 所示。

当 Activity 被打开的时候,首先会调用这个 Activity 的 onCreate()方法,其次调用 onStart()方法,然后调用 onResume()方法,当 onStart()方法执行之后,就可以看见 Activity 界面了。下面通过分析一段代码对 Activity 的生命周期做进一步解析。

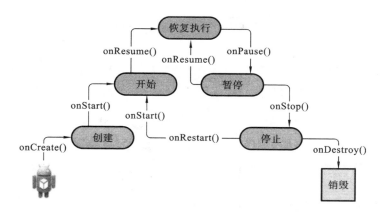

图 5-8　Activity 的各生命周期方法之间的调用关系

5.5.2　Activity 的生命周期应用举例

下面通过例 Chap5_4 来演示 Activity 的 7 个生命周期方法的先后调用过程。该例以第 5.4 节中的例 Chap5_3 为基础，重写了 7 个生命周期函数，以便观察它们的调用过程。为了便于观察，每个生命周期都用 System.out.println()方法作为输出。创建 Chap5_4 的步骤及部分代码如下。

1. activity_main.xml

这部分代码与第 5.4 节中例 Chap5_3 的"activity_main.xml"代码相同，这里就不再介绍。

2. MainActivity.java

MainActivity.java 文件的代码如下。

```
1   package com.example.chap5_4;
2   import android.os.Bundle;
3   import android.app.Activity;
4   import android.content.Intent;
5   import android.view.View;
6   import android.widget.Button;
7   import android.widget.EditText;
8   public class MainActivity extends Activity {
9       private Button butt1;
10      private EditText date;
11      protected void onCreate(Bundle savedInstanceState) {
12          System.out.println("MainActivity onCreate");
13          super.onCreate(savedInstanceState);
14          setContentView(R.layout.activity_main);
15          butt1=(Button)findViewById(R.id.butt1);
16          date=(EditText)findViewById(R.id.date);
17          butt1.setOnClickListener(new Button.OnClickListener()
18          {
19              public void onClick(View v)
20              {
21                  String myDate=date.getText().toString();
22                  Intent intent=new Intent();
23                  intent.setClass(MainActivity.this, SecondActivity.class);
24                  Bundle bundle=new Bundle();
25                  bundle.putString("date", myDate);
```

```
26              intent.putExtras(bundle);
27              startActivityForResult(intent,1);
28          }
29      });
30  }
31  protected void onActivityResult(int requestCode, int resultCode, Intent data)
32  {
33      switch (resultCode){
34          case RESULT_OK:
35              Bundle bundle = data.getExtras();
36              String string = bundle.getString("back");
37              date.setText(string);
38      }
39  }
40  protected void onDestroy() {
41      System.out.println("MainActivity onDestroy");
42      super.onDestroy();
43  }
44  protected void onPause() {
45      System.out.println("MainActivity onPause");
46      super.onPause();
47  }
48  protected void onRestart() {
49      System.out.println("MainActivity onRestart");
50      super.onRestart();
51  }
52  protected void onResume() {
53      System.out.println("MainActivity onResume");
54      super.onResume();
55  }
56  protected void onStart() {
57      System.out.println("MainActivity onStart");
58      super.onStart();
59  }
60  protected void onStop() {
61      System.out.println("MainActivity onStop");
62      super.onStop();
63  }
64  }
```

上述代码说明如下。

第 12 行："System. out. println("MainActivity onCreate");"表示在 LogCat 中输出一条信息"MainActivity onCreate"。当启动 MainActivity 调用 OnCreate()时,就会在 LogCat 中显示这条信息,以便跟踪 Activity 生命周期中对 OnCreate()的调用。

第 40～43 行:重写 OnDestroy()方法,当启动 MainActivity 调用 OnDestroy()时,就会在 LogCat 中显示这条信息,以便跟踪 Activity 生命周期中 OnDestroy()的调用情况。

第 44～47 行:重写 onPause()方法,调用 onPause()时,就会在 LogCat 中显示这条信息,以便跟踪 Activity 生命周期中 onPause()的调用情况。

第 48～51 行:重写 onRestart()方法,调用 onRestart()时,就会在 LogCat 中显示这条信息,以便跟踪 Activity 生命周期中 onRestart()的调用情况。

第 52～55 行:重写 onResume()方法,调用 onResume()时,就会在 LogCat 中显示这条信息,以便跟踪 Activity 生命周期中 onResume()的调用情况。

第 56～59 行:重写 onStart()方法,调用 onStart()时,就会在 LogCat 中显示这条信息,以便跟踪 Activity 生命周期中 onStart()的调用情况。

第 60～63 行:重写 onStop()方法,调用 onStop()时,就会在 LogCat 中显示这条信息,以便跟踪 Activity 生命周期中 onStop()的调用情况。

3. second.xml

这部分代码与第 5.4 节中例 Chap5_3 的"second.xml"文件代码相同,这里不再介绍。

4. SecondActivity.java

SecondActivity.java 文件的代码如下。

```
1   package com.example.chap5_4;
2   import android.app.Activity;
3   import android.os.Bundle;
4   import android.widget.TextView;
5   import android.widget.Button;
6   import android.view.View;
7   import android.content.Intent;
8   public class SecondActivity extends Activity {
9       private TextView tv2;
10      private Button butt2;
11      Bundle bundle;
12      Intent intent;
13      public void onCreate(Bundle savedInstanceState) {
14          System.out.println("SecondActivity onCreate");
15          super.onCreate(savedInstanceState);
16          setContentView(R.layout.second);
17          tv2=(TextView)findViewById(R.id.date2);
18          butt2=(Button)findViewById(R.id.butt2);
19          intent=this.getIntent();
20          bundle=intent.getExtras();
21          String myDate=bundle.getString("date");
22          tv2.setText("今天是:"+myDate);
23          butt2.setOnClickListener(new Button.OnClickListener()
24          {
25              public void onClick(View v)
26              {
27                  String value2="从第二个Activity返回成功!";
28                  bundle.putSerializable("back", value2);
29                  intent.putExtras(bundle);
30                  SecondActivity.this.setResult(RESULT_OK,intent);
31                  SecondActivity.this.finish();
32              }
33          });
34      }
35      protected void onDestroy() {
36          System.out.println("SecondActivity onDestroy");
37          super.onDestroy();
38      }
39      protected void onPause() {
40          System.out.println("SecondActivity onPause");
41          super.onPause();
42      }
43      protected void onRestart() {
44          System.out.println("SecondActivity onRestart");
45          super.onRestart();
46      }
47      protected void onResume() {
48          System.out.println("SecondActivity onResume");
49          super.onResume();
50      }
51      protected void onStart() {
```

```
52              System.out.println("SecondActivity onStart");
53              super.onStart();
54          }
55          protected void onStop() {
56              System.out.println("SecondActivity onStop");
57              super.onStop();
58          }
59      }
```

上述代码说明如下。

第 14 行：System.out.println("SecondActivity onCreate")；表示在 LogCat 中输出一条信息""SecondActivity onCreate""。当启动 SecondActivity 调用 OnCreate()时，就会在 LogCat 中显示这条信息，以便跟踪 Activity 生命周期中对 OnCreate()的调用。

第 35～38 行：重写 OnDestroy()方法，当启动 SecondActivity 调用 OnDestroy()时，就会在 LogCat 中显示这条信息，以便跟踪 Activity 生命周期中 OnDestroy()的调用情况。

第 39～42 行：重写 onPause()方法，调用 onPause()时，就会在 LogCat 中显示这条信息，以便跟踪 Activity 生命周期中 onPause()的调用情况。

第 43～46 行：重写 onRestart()方法，调用 onRestart()时，就会在 LogCat 中显示这条信息，以便跟踪 Activity 生命周期中 onRestart()的调用情况。

第 47～50 行：重写 onResume()方法，调用 onResume()时，就会在 LogCat 中显示这条信息，以便跟踪 Activity 生命周期中 onResume()的调用情况。

第 51～54 行：重写 onStart()方法，调用 onStart()时，就会在 LogCat 中显示这条信息，以便跟踪 Activity 生命周期中 onStart()的调用情况。

第 55～58 行：重写 onStop()方法，调用 onStop()时，就会在 LogCat 中显示这条信息，以便跟踪 Activity 生命周期中 onStop()的调用情况。

5. AndroidManifest.xml

这部分的代码与例 Chap5_3 中的"AndroidManifest.xml"文件的代码相同，这里不再介绍。

运行例 Chap5_4，在程序的运行过程、调用第二个 Activity 和从第二个 Activity 返回时，在 LogCat 中可以看到以下输出信息。

● 启动 MainActivity，显示第一个界面时，依次输出信息为：

```
MainActivity onCreate
MainActivity onStart
MainActivity onResume
```

这说明在 MainActivity 的生命周期中，在启动 MainActivity 时，系统会依次调用 MainActivity 的 onCreate()、onStart()和 onResume()方法，此时 MainActivity 位于堆栈的顶端，处于可见状态并获得焦点，用户可以与它进行交互。

● 单击"调用新的 Activity"按钮之后，系统会激活 SecondActivity，此时输出的信息依次为：

```
MainActivity onPause
SecondActivity onCreate
SecondActivity onStart
SecondActivity onResume
MainActivity onStop
```

这说明在启动 SecondActivity 时，系统首先会调用 MainActivity 的 onPause()方法来暂停 MainActivity，然后依次调用 SecondActivity 的 onCreate()、onStart()和 onResume()方法，将 SecondActivity 放到堆栈的顶端，处于可见状态并获得焦点，用户可以与它进行交互。此时，SecondActivity 完全挡住了 MainActivity，因此系统再调用 MainActivity 的 onStop()方法以便结束 MainActivity。

- 在单击"返回第一个 Activity"按钮之后，系统重新激活 MainActivity，此时的输出信息为：

```
SecondActivity onPause
MainActivity onRestart
MainActivity onStart
MainActivity onResume
SecondActivity onStop
SecondActivity onDestroy
```

在返回 Activity 时，系统首先会调用 SecondActivity 的 onPause()方法来暂停，然后依次调用 MainActivity 的 onRestart()、onStart()和 onResume()方法来重新启动 MainActivity。此时，MainActivity 位于堆栈的顶端。系统会依次调用 SecondActivity 的 onStop()和 onDestroy()方法将 SecondActivity 从堆栈中弹出并销毁。

5.6 习　　题

1. Android 应用程序的生命周期中共有几种方法，它们的功能分别是什么？
2. 设计并实现一个在线选课的界面，要求至少提供六门课程，并且允许多选。用户在单击屏幕上的"确定"按钮之后，要跳转到另外一个界面，并在此界面上显示所选课程的名称。
3. 新建一个 Android 项目，实现以下功能：在第一个 Activity 中要求用户分别录入语文、数学和英语三门课程的成绩，单击"确定"按钮之后跳转到第二个 Activity。在第二个 Activity 计算三门课程的平均成绩，按下"返回"按钮之后将平均成绩返回给第一个 Activity 并在第一个 Activity 中显示平均成绩。

第 6 章 Android 的高级控件

在第 4 章中介绍了 Android 常用的基本控件，掌握了这些基本控件，只能进行简单的 Android 应用程序设计。要想设计开发功能更复杂的 Android 应用程序，还需掌握功能更加强大的 Android 高级控件。本章将介绍 ScrollView（滚动视图）、ProgressBar（进度条）、SeekBar（滑块）、自动完成文本、Spinner（下拉列表）、ListView（列表视图）、GridView（网格视图）和 TabHost（选项卡）等高级控件的功能与使用方法，并且会举例加以说明。

6.1 ScrollView（滚动视图）控件

在进行 Android 应用程序设计时，如果要显示的控件比较多，有可能会因为手机屏幕显示不下而无法完整地显示界面。这种情况下，可以使用 ScrollView（滚动视图）控件来放置要显示的多个控件，通过上下滑动让所有的控件能够完整地显示在屏幕上。本节将介绍 ScrollView（滚动视图）控件的常用属性，并举例说明 ScrollView（滚动视图）控件的用法。

6.1.1 ScrollView（滚动视图）控件简介

Scrollview（滚动视图）类继承自 FrameLayout，它是一种通过滚动方式来显示比手机界面多的内容的层次结构布局容器。在其上放置的需要滚动显示的内容可以是控件，也可以是一个复杂对象的布局管理器，它常用的是垂直方向的线性布局管理器。

ScrollView（滚动视图）控件的常用属性名称和功能描述如表 6-1 所示。

表 6-1 ScrollView（滚动视图）控件的常用属性名称和功能描述

属 性 名 称	功 能 描 述
android:fillViewport	定义 ScrollView 是否需要拉伸自身内容来填充指定区域
android:scrollbars	设置其值是"none"时，则滚动条不显示
android:fadeScrollbars	设置其值是"false"时，则滚动条恒显示
android:scrollbarSize	设置滚动条宽度

6.1.2 ScrollView（滚动视图）控件应用举例

设置 ScrollView（滚动视图）控件有两种方式，一种是在布局文件中设置，另一种是在 Java 源代码中设置。本节将举例说明如何在布局文件中设置 ScrollView（滚动视图）控件。在该例中，滚动区域的高度为 800 px，滚动时依次显示一个 DatePicker（日期选择器）控件、一个Android小绿人图标、一个TimePicker(时间选择器)控件和一个Android小绿人图标。此例中,用户只需修改布局文件代码,无需修改Java代码。首先打开集成开发环境ADT,创建一个名为"Chap6_1"的项目,然后修改主布局文件"activity_main.xml"的部分代码,如下:

```
1   <LinearLayout xmlns:android="http://schemas.android.com/apk/res/android"
2       android:orientation="vertical"
3       android:layout_width="match_parent"
4       android:layout_height="match_parent"
5       >
6       <ScrollView
7           android:layout_width="match_parent"
8           android:layout_height="800px">
9           <LinearLayout android:orientation="vertical"
10              android:layout_width="match_parent"
11              android:layout_height="match_parent">
12              <ImageView android:layout_width="wrap_content"
13                  android:layout_height="wrap_content"
14                  android:src="@drawable/ic_launcher"
15                  android:layout_gravity="center_horizontal"/>
16              <DatePicker android:layout_width="wrap_content"
17                  android:layout_height="wrap_content"
18                  android:layout_gravity="center_horizontal"/>
19              <ImageView android:layout_width="wrap_content"
20                  android:layout_height="wrap_content"
21                  android:src="@drawable/ic_launcher"
22                  android:layout_gravity="center_horizontal"/>
23              <TimePicker android:layout_width="wrap_content"
24                  android:layout_height="wrap_content"
25                  android:layout_gravity="center_horizontal"/>
26          </LinearLayout>
27      </ScrollView>
28      <TextView
29          android:layout_width="wrap_content"
30          android:layout_height="wrap_content"
31          android:text="上面区域使用的是ScrollView!"
32          android:layout_gravity="center_horizontal"
33          />
34  </LinearLayout>
```

上述代码说明如下。

第6~8行:声明一个ScrollView(滚动视图)控件,并定义其高度为800 px。

第9~11行:在ScrollView(滚动视图)控件中声明一个垂直显示的线性布局。

第12~15行:声明一个ImageView(图片)控件。

第16~18行:声明一个DatePicker(日期选择器)控件。

第19~22行:声明一个ImageView(图片)控件。

第23~25行:声明一个TimePicker(时间选择器)控件。

第28~33行:声明一个TextView(文本框)控件。

例Chap6_1的运行结果界面如图6-1所示。

图 6-1　例 Chap6_1 的运行结果界面

6.2　ProgressBar(进度条)控件与 SeekBar(滑块)控件

在执行某些 Android 应用程序时,有些操作(如加载某些视频资源、上传文件、下载文件和处理大量数据)可能会耗时较长,用户需要等待一段时间才能完成。在用户等待的过程中,为了不让用户觉得程序失去响应,通常用 ProgressBar(进度条)控件来展示某个耗时操作的完成进度。SeekBar(滑块)控件实质是高级的进度条,通常在音视频播放器的场景应用较多,用户可以通过拖曳进度条上的滑块来更改播放的音频和视频的进度。本节将介绍 ProgressBar(进度条)控件与 SeekBar(滑块)控件的主要属性并举例说明这两个控件的用法。

6.2.1　ProgressBar(进度条)控件简介

ProgressBar(进度条)控件的默认样式是中环形进度条,用户还可以根据程序开发的需要设置其他样式的进度条,具体设置方法有以下几种。

1. 大环形进度条

大环形进度条的设置方法如下。

```
style="? android:attr/progressBarStyleLarge"
```

2. 小环形进度条

小环形进度条的设置方法如下。

```
style="? android:attr/progressBarStyleSmall"
```

3. 水平进度条

水平进度条的设置方法如下。

```
style="? android:attr/progressBarStyleHorizontal"
```

注意:如果没有设置进度条的"style",系统默认的是中环形进度条。

ProgressBar(进度条)控件位于 android.widget 包下,主要用来显示操作的进度。使用时将它放在前台,在后台启动一个线程定时更新表示进度的数值即可。ProgressBar(进度条)控件的常用属性名称及功能描述如表 6-2 所示。

表 6-2　ProgressBar(进度条)控件的常用属性名称及功能描述

属 性 名 称	功 能 描 述
android:max	设置最大显示进度
android:progress	设置第一显示进度
android:secondaryProgress	设置第二显示进度
android:indeterminateOnly	限制为不确定模式
android:indeterminate	是否允许使用不确定模式,在不确定模式下,进度条动画无限循环

ProgressBar(进度条)控件根据能否精确显示进度可分为确定模式和不确定模式。在确定模式下,ProgressBar 可以精确地显示进度(显示刻度或者百分比);在不确定模式下,ProgressBar 不可以精确地显示进度,圆环会像一个动画一样,一直在旋转。

6.2.2　SeekBar(滑块)控件简介

SeekBar(滑块)控件实质是一个可以改变进度的进度条控件,使用 SeekBar(滑块)控件的目的是让用户能够自行调节进度。SeekBar(滑块)控件继承自 ProgressBar(进度条)控件,是增加了滑动块的扩展 ProgressBar(进度条)控件。虽然它继承了 ProgressBar(进度条)控件的全部属性,但也有自己的专有属性。专属于 SeekBar(滑块)控件的属性名称及功能描述如表 6-3 所示。

表 6-3　专属于 SeekBar(滑块)控件的属性名称及功能描述

属 性 名 称	功 能 描 述
android:thumb	滑块资源,对应 Drawable 图片
android:progressDrawable	设置 SeekBar(滑块)控件的背景图片

由于 SeekBar(滑块)控件可以拖曳进度,因此需要对拖曳动作进行监听。监听拖曳动

作通过 SeekBar.OnSeekBarChangeListener()方法实现,需要监听数值改变、开始拖动、停止拖动三个事件。具体监听方法有以下几种:

(1) onProgressChanged(SeekBar seekBar,int progress,Boolean from User),该方法用来监听进度条数值的改变。

(2) onStartTrackingTouch(SeekBar seekBar),该方法用来监听开始拖动滑块事件。

(3) onStopTrackingTouch(SeekBar seekBar),该方法用来监听停止拖动滑块事件。

6.2.3 ProgressBar(进度条)控件与 SeekBar(滑块)控件应用举例

本节将通过一个实例来介绍 ProgressBar(进度条)控件与 SeekBar(滑块)控件的使用方法。在该例中共有一个 SeekBar(滑块)控件和四个 ProgressBar(进度条)控件。其中,一个 ProgressBar(进度条)控件是水平进度条,其余三个分别是小循环进度条、中循环进度条和大循环进度条。每次单击"开始"按钮,滑块控件与水平进度条就会前进一步,其中水平进度条会分别显示两个进度线,分别是第一进度线和第二进度线(第二进度线比第一进度线的进度快 10)。三个循环进度条的大小是不一样的,如果在控件中不加以特别说明,循环进度条的样式默认为中循环进度条。

在此例中,用户既需修改 XML 代码,又需修改 Java 代码。首先打开集成开发环境 ADT,创建一个名为"Chap6_2"的项目,然后修改主布局文件"activity_main.xml"和 Java 文件"MainActivity.java"的部分代码。

1. activity_main.xml

activity_main.xml 文件的部分代码如下。

```xml
1  <LinearLayout xmlns:android="http://schemas.android.com/apk/res/android"
2      android:orientation="vertical"
3      android:layout_width="match_parent"
4      android:layout_height="match_parent"
5      >
6      <TextView
7          android:layout_width="match_parent"
8          android:layout_height="wrap_content"
9          android:text="下面是一个SeekBar滑块"
10     />
11     <SeekBar
12         android:layout_width="match_parent"
13         android:layout_height="wrap_content"
14         android:id="@+id/seekBar"
15         android:max="100"
16     />
17     <TextView
18         android:layout_width="match_parent"
19         android:layout_height="wrap_content"
20         android:text="下面是一个水平进度条"
21     />
22     <ProgressBar
23         android:layout_width="match_parent"
```

```
24          android:layout_height="wrap_content"
25          android:id="@+id/Bar1"
26          android:max="100"
27          style="?android:attr/progressBarStyleHorizontal"
28      />
29      <TextView
30          android:layout_width="match_parent"
31          android:layout_height="wrap_content"
32          android:text="下面是一个小循环进度条"
33      />
34      <ProgressBar
35          android:layout_width="wrap_content"
36          android:layout_height="wrap_content"
37          android:id="@+id/Bar2"
38          android:max="100"
39          android:progress="10"
40          style="?android:attr/progressBarStyleSmall"
41      />
42      <TextView
43          android:layout_width="match_parent"
44          android:layout_height="wrap_content"
45          android:text="下面是一个中循环进度条"
46      />
47      <ProgressBar
48          android:layout_width="wrap_content"
49          android:layout_height="wrap_content"
50          android:id="@+id/Bar3"
51          android:max="100"
52          android:progress="10"
53          style="?android:attr/progressBarStyle"
54      />
55      <TextView
56          android:layout_width="match_parent"
57          android:layout_height="wrap_content"
58          android:text="下面是一个大循环进度条的案例"
59      />
60      <ProgressBar
61          android:layout_width="wrap_content"
62          android:layout_height="wrap_content"
63          android:id="@+id/Bar4"
64          android:max="100"
65          android:progress="10"
66          style="?android:attr/progressBarStyleLarge"
67      />
68      <Button
69          android:layout_width="wrap_content"
70          android:layout_height="wrap_content"
71          android:id="@+id/butt"
72          android:layout_gravity="center"
73          android:text="开始"
74      />
75  </LinearLayout>
```

上述代码说明如下。

第 1～5 行:声明一个线性布局,显示方式为垂直显示。

第 6～10 行:声明一个 TextView(文本框)控件,定义其大小和显示文本。

第 11～16 行:声明一个 SeekBar(滑块)控件,定义其 id 为 seekBar(滑块),最大显示进度为 100。

第 17～21 行:声明一个 TextView(文本框)控件,定义大小和显示文本。

第 22～28 行:声明一个 ProgressBar(进度条)控件,定义其 id 和最大显示进度,在第 27 行设置该控件为水平进度条。

第 29～33 行:声明一个 TextView(文本框)控件,定义大小和显示文本。

第 34～41 行:声明一个 ProgressBar(进度条)控件,定义其 id 和最大显示进度,在第 40 行设置该控件为小循环进度条。

第 42～46 行:声明一个 TextView(文本框)控件,定义大小和显示文本。

第 47～54 行:声明一个 ProgressBar(进度条)控件,定义其 id 和最大显示进度,在第 53 行设置该控件为中循环进度条。

第 55～59 行:声明一个 TextView(文本框)控件,定义大小和显示文本。

第 60～67 行:声明一个 ProgressBar(进度条)控件,定义其 id 和最大显示进度,在第 66 行设置该控件为大循环进度条。

第 68～74 行:声明一个 Button(按钮)控件,定义大小、id 和显示文本。

2. MainActivity.java

MainActivity.java 文件的部分代码如下。

```
1    package com.example.chap6_2;
2    import android.os.Bundle;
3    import android.app.Activity;
4    import android.view.View;
5    import android.widget.Button;
6    import android.widget.ProgressBar;
7    import android.widget.SeekBar;
8    public class MainActivity extends Activity {
9        private SeekBar seekBar;
10       private ProgressBar Bar1;
11       private Button butt;
12       private int i=0;
13       public void onCreate(Bundle savedInstanceState) {
14           super.onCreate(savedInstanceState);
15           setContentView(R.layout.activity_main);
16           seekBar=(SeekBar)findViewById(R.id.seekBar);
17           Bar1=(ProgressBar)findViewById(R.id.Bar1);
18           butt=(Button)findViewById(R.id.butt);
19           butt.setOnClickListener(new Button.OnClickListener()
20           {
21               public void onClick(View v) {
22                   if(i==0)
23                   {
24                       Bar1.setVisibility(View.VISIBLE);
25                   }
26                   else if(i<=100)
27                   {
28
29                       Bar1.setProgress(i);
```

```
30                    Bar1.setSecondaryProgress(i+10);
31                }
32                i=i+10;
33                seekBar.setProgress(i);
34            }
35        });
36    }
37
38 }
```

上述代码说明如下。

第 9～11 行:声明一个 ProgressBar(进度条)、一个 SeekBar(滑块)和一个 Button(按钮)类。

第 12 行:声明一个整型变量 i,用来控制进度条的进度。

第 16 行:获取 SeekBar(滑块)控件的引用。

第 17 行:获取 ProgressBar(进度条)控件的引用。

第 18 行:获取 Button(按钮)控件的引用。

第 19～35 行:为"开始"按钮增加单击事件监听。其中,第 22～25 行,当整型变量 i＝0 时,设置进度条为可视的。第 26～31 行,如果 i＜＝100,则水平进度条的第一进度加 10,第二进度加 20。第 33 行,设置 SeekBar(滑块)控件的进度加 10。

例 Chap6_2 的运行结果界面如图 6-2 所示。其中图 6-2(a)是为单击"开始"按钮后的界面,此时滑块和水平进度条都未启动;图 6-2(b)是滑块和水平进度条启动后的界面。

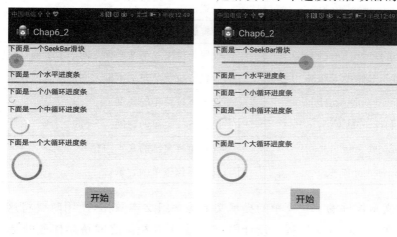

(a)单击"开始"按钮后的界面　　(b)滑块和水平进度条启动后的界面

图 6-2　例 Chap6_2 的运行结果界面

6.3 自动完成文本控件

用户在录入文本时，只用输入几个文字，就会显示一个下拉菜单供用户从中选择，进而节省录入文字的时间，以提升用户的体验，这个功能称为自动完成文本。

自动完成文本控件分为 AutoCompleteTextView 控件和 MultiAutoCompleteTextView 控件两种，二者的区别在于 AutoCompleteTextView 控件每次只允许用户输入一个提示项，而 MultiAutoCompleteTextView 控件允许用户选择多个提示项。下面将对这两个控件的属性和功能加以介绍并举例说明。

6.3.1 AutoCompleteTextView 控件简介

AutoCompleteTextView 控件从 EditText（输入框）控件派生而来，实际上它也是一个 EditText（输入框）。用户在录入信息时，输入一定字符之后，AutoCompleteTextView 控件会显示一个下拉菜单供用户选择。在用户选择项选择菜单后，AutoCompleteTextView 控件会按用户的选择自动填写完成。AutoCompleteTextView 控件的常用属性名称和功能描述如表 6-4 所示。

表 6-4 AutoCompleteTextView 控件的常用属性名称和功能描述

属 性 名 称	功 能 描 述
android:completionHint	设置位于下拉菜单底部的提示信息
android:completionThreshold	设置触发补全提示信息的字符个数
android:dropDownHorizontalOffset	设置下拉菜单与文本框之间的水平偏移量
android:dropDownVerticalOffset	设置下拉菜单与文本框之间的垂直偏移量
android:dropDownHeight	设置下拉菜单的高度
android:dropDownWidth	设置下拉菜单的宽度
android:singleLine	设置单行显示的文本内容
android:popupBackground	设置下拉菜单的背景

自动完成文本控件的下拉菜单的提示文本是一组文本数据，使用时要将这组数据和视图联系起来。在 Android 应用程序设计中，承担数据和视图之间桥梁任务的是 Adapter（数据适配器）。系统先在 Adapter（数据适配器）中处理数据，然后把 Adapter（数据适配器）中的数据显示到视图上面。Adapter（数据适配器）有很多种，常用的有 ArrayAdapter、BaseAdapter、SimpleAdapter 等。在 AutoCompleteTextView 控件中，通常使用的是 ArrayAdapter。ArrayAdapter 的构造方法如下：

ArrayAdapter(context, resource, TextViewResourceID)

从上面可以看出，ArrayAdapter 的构造方法有三个参数：第一个参数是上下文，就是当前的 Activity；第二个参数是 android 中内置的一个布局样式，它是系统预先定义好的；第三个参数就是要显示的数据源。

使用 AutoCompleteTextView 控件自动完成文本的步骤如下：

(1) 定义一个字符串数组用来存放要自动完成的文本选项。

(2) 把这个字符串数组放入 ArrayAdapter 中。

(3) 使用 setAdapter 方法将字符串数组放入 AutoCompleteTextView 对象中。

6.3.2　MultiAutoCompleteTextView 控件简介

MultiAutoCompleteTextView 类继承自 AutoCompleteTextView 类，因此它的属性和方法与 AutoCompleteTextView 类似，这里就不再赘述。MultiAutoCompleteTextView 控件与 AutoCompleteTextView 控件的区别在于 MultiAutoCompleteTextView 控件允许用户一次选择多个选项，因此二者在编程方法上稍有不同。其中，主要区别在于设置完数据适配器后，必须用 MultiAutoCompleteTextView.Tokenzier 为多个选项添加分隔符。

6.3.3　自动完成文本控件应用举例

本节将通过一个实例来介绍 AutoCompleteTextView 控件与 MultiAutoCompleteTextView 控件的用法。在该例中，界面上会显示一个 TextView（文本框）用来输出提示信息、一个支持单选的自动完成文本控件 AutoCompleteTextView 和一个支持多选的自动完成文本控件 MultiAutoCompleteTextView。在此例中，用户既需修改 XML 代码，又需修改 Java 代码。首先打开集成开发环境 ADT，创建一个名为"Chap6_3"的项目，然后修改主布局文件"activity_main.xml"和 Java 文件"MainActivity.java"的部分代码。

1. activity_main.xml

activity_main.xml 文件的代码如下。

```
1   <LinearLayout xmlns:android="http://schemas.android.com/apk/res/android"
2       android:orientation="vertical"
3       android:layout_width="match_parent"
4       android:layout_height="match_parent"
5       >
6   <TextView
7       android:layout_width="match_parent"
8       android:layout_height="wrap_content"
9       android:text="自动完成文本框的例子："
10      />
11  <AutoCompleteTextView
12      android:id="@+id/ACTV"
13      android:layout_width="match_parent"
14      android:layout_height="wrap_content"
15      android:hint="您所在的城市是："
16      android:completionHint="您想去旅游的城市是："
17      />
18  <MultiAutoCompleteTextView
19      android:id="@+id/MACTV"
```

```
20          android:layout_width="match_parent"
21          android:layout_height="wrap_content"
22          />
23  </LinearLayout>
```

上述代码说明如下。

第1~5行:声明一个线性布局,显示方式为垂直显示,宽度和高度是铺满整个手机屏幕。

第6~10行:声明一个TextView(文本框)控件,定义其大小和提示信息。

第11~17行:声明一个AutoCompleteTextView控件,定义其id为ACTV。其中,第15行定义没有输入任何内容时的提示信息,第16行定义出现在下拉菜单中的提示标题。

第18~22行:声明一个MultiAutoCompleteTextView控件,定义其id为MACTV。

2. MainActivity.java

MainActivity.java文件的代码如下。

```
1   package com.example.chap6_3;
2   import android.os.Bundle;
3   import android.app.Activity;
4   import android.widget.ArrayAdapter;
5   import android.widget.AutoCompleteTextView;
6   import android.widget.MultiAutoCompleteTextView;
7   public class MainActivity extends Activity {
8       private String[] autoStr={"beijing","wuhan","shanghai","beihai",
9       "shenzhen","xi'an"};
10      private AutoCompleteTextView ACTV;
11      private MultiAutoCompleteTextView MACTV;
12      @Override
13      public void onCreate(Bundle savedInstanceState) {
14          super.onCreate(savedInstanceState);
15          setContentView(R.layout.activity_main);
16          ArrayAdapter<String> adap=new ArrayAdapter<String>(this,
17          android.R.layout.simple_dropdown_item_1line,autoStr);
18          ACTV=(AutoCompleteTextView)findViewById(R.id.ACTV);
19          ACTV.setAdapter(adap);
20          ACTV.setThreshold(1);
21          MACTV=(MultiAutoCompleteTextView)findViewById(R.id.MACTV);
22          MACTV.setAdapter(adap);
23          MACTV.setTokenizer(new MultiAutoCompleteTextView.CommaTokenizer());
24          MACTV.setThreshold(1);
25      }
26  }
```

上述代码说明如下。

第8~9行:定义一个字符串数组,作为ArrayAdapter的资源数组使用。

第10~11行:声明一个AutoCompleteTextView控件和一个MultiAutoCompleteTextView控件。

第16~17行:定义数组适配器ArrayAdapter,它使用Android自带的布局样式是android.R.layout.simple_dropdown_item_1line,要显示的资源数组是autoStr。

第18行:设置AutoCompleteTextView控件的引用。

第19行:设置AutoCompleteTextView控件的适配器。

第20行:设置在输入第一个字符后开始显示自动提示文本。
第21行:设置 MultiAutoCompleteTextView 控件的引用。
第22行:设置 MultiAutoCompleteTextView 控件的适配器。
第23行:设置多选选项的分隔符为逗号。
第24行:设置在输入第一个字符后开始显示自动提示文本。

例 Chap6_3 的运行结果界面如图 6-3 所示。其中图 6-3(a)在录入字母"w"之后,自动提示文本"wuhan"的截图。图 6-3(b)在录入字母"b"之后,用户先选择了"beijing",然后 MultiAutoCompleteTextView 自动补上分隔符",",用户再次输入字母"b"之后,系统自动提示文本"beijing"和"beihai"。

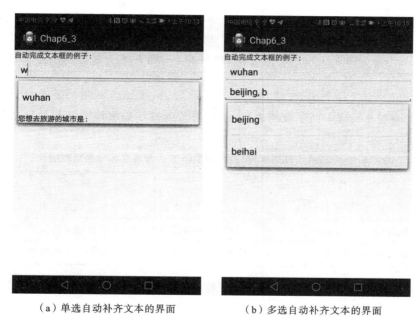

(a)单选自动补齐文本的界面　　　　(b)多选自动补齐文本的界面

图 6-3　例 Chap6_3 的运行结果界面

6.4　Spinner(下拉列表)控件

在 Android 应用程序中,当用户需要做选择的时候,Spinner(下拉列表)控件提供了从一个数据集合中快速选择某个选项的办法。默认情况下,Spinner(下拉列表)显示的是当前选项,单击 Spinner(下拉列表)时会弹出一个包含所有选项的下拉菜单,用户可以从该菜单中为 Spinner(下拉列表)选择一个新值。本节将介绍 Spinner(下拉列表)控件的常用属性及功能,并举例说明。

6.4.1　Spinner(下拉列表)控件简介

Spinner(下拉列表)控件的常用属性名称和功能描述如表 6-5 所示。

表 6-5 Spinner(下拉列表)控件的常用属性名称和功能描述

属 性 名 称	功 能 描 述
android:dropDownHorizontalOffset	设置下拉菜单与文本框之间的水平偏移量
android:dropDownVerticalOffset	设置下拉菜单与文本框之间的垂直偏移量
android:spinnerMode	设置 Spinner(下拉列表)的显示模式,有"dropdown"和"dialog"两种
android:dropDownSelector	用于设定 spinnerMode="dropdown"时列表选择器的显示效果
android:prompt	在弹出选择对话框时,对话框显示的标题
android:entries	直接在 xml 布局文件中绑定数据源,不设置该属性时,可以在 Activity 中动态绑定数据
android:popupBackground	在"dropdown"模式时,设置下拉列表的背景

用户在 Spinner(下拉列表)中选择好了选项之后,系统还需对用户的选择进行监听,以便做出相应的响应。Spinner(下拉列表)类的常用监听方法的属性名称和功能描述如表 6-6 所示。

表 6-6 Spinner(下拉列表)类的常用监听方法的属性名称和功能描述

属 性 名 称	功 能 描 述
setOnItemClickListener()	选中或单击列表项时会触发的监听事件
setOnItemSelectedListener()	列表项被改变时会触发的监听事件
setOnItemLongClickListener()	列表项被长时间按住时会触发的监听事件

在 Android 应用程序开发时,Spinner(下拉列表)控件的使用可以概括为以下四步:
(1) 定义一个字符串数组,该数组由下拉列表的列表项构成。
(2) 为下拉列表的列表项与 Activity 之间的数据传递定义一个数组适配器。
(3) 使用 Spinner.setAdapter()将适配器数据与 Spinner(下拉列表)关联起来。
(4) 为 Spinner(下拉列表)控件添加事件监听器,进行事件处理。

6.4.2 Spinner(下拉列表)控件应用举例

本节将通过一个实例来介绍 Spinner(下拉列表)控件的用法。在该例中,界面上有两个 TextView(文本框)控件和一个 Spinner(下拉列表)控件。其中 TextView(文本框)控件用来显示提示信息,Spinner(下拉列表)控件用来实现一个下拉列表供用户选择。这个 Spinner(下拉列表)控件采用"dropdown"模式,是一些城市名的列表,要求用户在城市列表中选择自己所在的城市。在此例中,用户既需修改 XML 代码,又需修改 Java 代码。首先打开集成开发环境 ADT,创建一个名为"Chap6_4"的项目,然后修改主布局文件"activity_main.xml"和 Java 文件"MainActivity.java"的部分代码。

1. activity_main.xml

activity_main.xml 文件的代码如下。

```xml
1  <LinearLayout xmlns:android="http://schemas.android.com/apk/res/android"
2      android:orientation="vertical"
3      android:layout_width="match_parent"
4      android:layout_height="match_parent"
5      >
6      <TextView
7          android:layout_width="match_parent"
8          android:layout_height="wrap_content"
9          android:text="Spinner应用举例"
10         android:textSize="30px"
11     />
12     <TextView
13         android:id="@+id/tv1"
14         android:layout_width="match_parent"
15         android:layout_height="wrap_content"
16         android:textSize="30px"
17     />
18     <Spinner
19         android:id="@+id/spinner1"
20         android:layout_width="match_parent"
21         android:layout_height="wrap_content"
22     />
23 </LinearLayout>
```

上述代码说明如下。

第1~5行：声明一个线性布局，显示方式为垂直显示，宽度和高度是铺满整个手机屏幕。

第6~11行：声明一个TextView(文本框)控件，定义其大小和提示信息。

第12~17行：声明一个TextView(文本框)控件，定义其id为tv1，用来显示用户的选择结果。

第18~22行：声明一个Spinner(下拉列表)控件，定义其id为spinner1。

2. MainActivity.java

MainActivity.java 文件的代码如下。

```java
1  package com.example.chap6_4;
2  import android.app.Activity;
3  import android.os.Bundle;
4  import android.view.View;
5  import android.widget.AdapterView;
6  import android.widget.ArrayAdapter;
7  import android.widget.Spinner;
8  import android.widget.TextView;
9  public class MainActivity extends Activity {
10     private TextView tv1;
11     private Spinner spinner1;
12     private String [] List1={"beijing","wuhan","shanghai","beihai",
13     "shenzhen","xi'an"};
14     @Override
15     public void onCreate(Bundle savedInstanceState) {
16         super.onCreate(savedInstanceState);
17         setContentView(R.layout.activity_main);
18         tv1=(TextView)findViewById(R.id.tv1);
19         spinner1=(Spinner)findViewById(R.id.spinner1);
```

```
20      ArrayAdapter<String> spinnerAdap=new ArrayAdapter<String>(this,
21      android.R.layout.simple_spinner_item, List1);
22      spinner1.setAdapter(spinnerAdap);
23      spinner1.setPrompt("请选择你所在的城市");
24      spinner1.setOnItemSelectedListener(new Spinner.OnItemSelectedListener()
25      {
26          public void onItemSelected(AdapterView<?> arg0, View arg1,
27          int arg2, long arg3) {
28              tv1.setText("你所在的城市是："+List1[arg2]);
29          }
30          public void onNothingSelected(AdapterView<?> arg0) {}
31      });
32      }
33  }
```

上述代码说明如下。

◆ 第 10 行：声明一个 TextView(文本框)控件。

◆ 第 11 行：声明一个 Spinner(下拉列表)类。

◆ 第 12～13 行：定义一个字符串数组 List1，作为 ArrayAdapter 的资源数组使用。

◆ 第 18 行：获取 TextView(文本框)控件的引用。

◆ 第 19 行：获取 Spinner(下拉列表)控件的引用。

◆ 第 20～21 行：定义数组适配器 ArrayAdapter，它使用 Android 自带的布局样式是 android.R.layout.simple_spinner_item，要显示的资源数组是 List1。

◆ 第 22 行：设置 Spinner(下拉列表)控件的适配器。

◆ 第 24～31 行：为 Spinner(下拉列表)控件设置监听。其中，第 26～29 行重写 onItemSelected()方法，第 28 行设置用户选择的城市显示在 id 为 tv1 的 TextView(文本框)控件，第 30 行重写 onNothingSelected()方法，虽然内容为空，但是这一步不能省略。

例 Chap6_4 的运行结果界面如图 6-4 所示。其中图 6-4(a)是程序运行的初始界面。图 6-4(b)是用户单击了 Spinner(下拉列表)控件最右端的三角形后弹出的下拉菜单界面。

（a）程序运行的初始界面　　（b）单击Spinner（下拉列表）控件最右端的
　　　　　　　　　　　　　　　三角形后弹出的下拉菜单的界面

图 6-4　例 Chap6_4 的运行结果界面

6.5 ListView(列表视图)控件

ListView(列表视图)控件是 Android 应用程序开发中的常用控件,是一个允许纵向拓展显示条目的视图,它可以有效地解决因为手机屏幕空间有限而无法完整显示数据的问题。本节将介绍 ListView(列表视图)控件的常用属性及其功能,并举例说明。

注意:ListView(列表视图)和第 6.1 节中介绍的 ScrollView(滚动视图)不要联合使用,因为二者联合使用会有冲突。

6.5.1 ListView(列表视图)控件介绍

ListView(列表视图)类位于 android.widget 包下,它以一种纵向列表的方式展示数据,即通过用户上下滑动屏幕来把屏幕外的数据移入屏幕内,同时把屏幕内的数据移出屏幕,进而显示更多的数据内容。其中 ListView(列表视图)的常用属性名称和功能描述如表 6-7 所示。

表 6-7 ListView(列表视图)控件常用属性名称和功能描述

属 性 名 称	功 能 描 述
android:divider	列表条目之间显示的分隔(可以是 drawable 或 color)
android:dividerHeight	设置 divider 分隔的高度
android:entries	设置 ListView(列表视图)控件的数组资源
android:choiceMode	指定视图选择的行为方式,属性值为常量,可以是表示无选择模式的"none"(值为 0)、表示单选的"singleChoice"(值为 1)、表示多选的"multipleChoice"(值为 2)

用户在 ListView(列表视图)的列表项中选择之后,系统还需对用户的选择进行监听,以便做出相应的响应。ListView(列表视图)类的常用监听方法与第 6.4 节介绍的 Spinner(下拉列表)类的监听方法类似,请参见表 6-6,此处就不重复说明。

在 Android 应用程序开发时,创建、使用 ListView(列表视图)控件需要以下三个要素。

(1) 数据源:要用列表显示的字符串、图片或者基本组件。

(2) 适配器:数据通过适配器 Adapter 这个中介才能在 ListView(列表视图)中显示出来。

(3) ListView(列表视图):用来展示数据的视图。

在 ListView(列表视图)控件中,列表显示的数据必须先送入适配器,然后绑定适配器和 ListView(列表视图)才能将数据列表显示出来。ListView(列表视图)常用的适配器有三种,分别是 ArrayAdapter、SimpleAdapter 和 SimpleCursorAdapter。其中 ArrayAdapter 只能显示一行文字,用法最简单;SimpleAdapter 的功能并不简单,可以将图片、文本、按钮等多种资源整合显示,定义多种布局,具有最好的灵活性和扩展性;SimpleCursorAdapter 是 Android 系统为了连接数据库与视图而专门开发的,是将数据库表中获取的数据显示到 ListView(列表视图)中的桥梁。

6.5.2 ListView(列表视图)控件应用举例

本节将通过一个实例来介绍 ListView(列表视图)控件的使用方法。在该例中,界面上有一个 TextView(文本框)控件和一个 ListView(列表视图)控件。其中 TextView(文本框)控件用来显示提示信息,ListView(列表视图)控件用来实现由图像和姓名组成的列表供用户选择的功能。这个 ListView(列表视图)控件采用 SimpleAdapter 来绑定数据。在此例中,用户既要修改 XML 代码,又要修改 Java 代码,同时还要创建一个"item.xml"文件为 ListView(列表视图)的每一行定义布局。首先打开集成开发环境 ADT,创建一个名为"Chap6_5"的项目,然后修改主布局文件"activity_main.xml"、ListView(列表视图)的行布局文件"item.xml"和 Java 文件"MainActivity.java"的部分代码。

1. activity_main.xml

activity_main.xml 文件的代码如下。

```xml
1  <LinearLayout xmlns:android="http://schemas.android.com/apk/res/android"
2      xmlns:tools="http://schemas.android.com/tools"
3      android:layout_width="match_parent"
4      android:layout_height="match_parent"
5      android:orientation="vertical" >
6      <TextView
7          android:layout_width="match_parent"
8          android:layout_height="wrap_content"
9          android:text="这是用SimpleAdapter的列表视图"
10         android:textSize="30px"/>
11     <ListView
12         android:layout_width="match_parent"
13         android:layout_height="match_parent"
14         android:divider="#666666"
15         android:dividerHeight="6px"
16         android:id="@+id/simpleLv"/>
17 </LinearLayout>
```

上述代码说明如下。

第 1~5 行:声明一个线性布局,显示方式为垂直显示,宽度和高度铺满整个手机屏幕。

第 6~10 行:声明一个 TextView(文本框)控件,定义其大小和提示信息。

第 11~16 行:声明一个 ListView(列表视图)控件。其中,第 14 行定义 divider 的颜色是灰色,第 15 行定义 divider 的高度,第 16 行定义 ListView(列表视图)控件 id 为 simpleLv。

2. item.xml

item.xml 文件的代码如下。

```xml
1  <LinearLayout
2      xmlns:android="http://schemas.android.com/apk/res/android"
3      android:orientation="horizontal"
4      android:layout_height="match_parent"
5      android:layout_width="match_parent">
6      <ImageView
7          android:layout_width="wrap_content"
8          android:layout_height="wrap_content"
9          android:id="@+id/item_photo"
```

```
10          />
11          <TextView
12              android:id="@+id/item_name"
13              android:layout_height="wrap_content"
14              android:layout_width="wrap_content"
15              android:textSize="20sp"
16          />
17      </LinearLayout>
```

上述代码说明如下。

第1～5行：声明一个线性布局，显示方式为水平显示，宽度和高度铺满父容器屏幕。

第6～10行：声明一个ImagView（图片）控件，定义其大小为自适应图像大小，其id为item_photo。

第11～16行：声明一个TextView（文本）控件，定义TextView控件id为item_name、定义控件大小为自适应文本大小。

3. MainActivity.java

MainActivity.java文件的代码如下。

```
1   package com.example.chap6_5;
2   import java.util.ArrayList;
3   import java.util.HashMap;
4   import android.os.Bundle;
5   import android.app.Activity;
6   import android.widget.AdapterView;
7   import android.widget.AdapterView.OnItemClickListener;
8   import android.widget.ListView;
9   import android.widget.SimpleAdapter;
10  import android.view.View;
11  public class MainActivity extends Activity {
12      private ListView simpleLv;
13      protected void onCreate(Bundle savedInstanceState) {
14          super.onCreate(savedInstanceState);
15          setContentView(R.layout.activity_main);
16          simpleLv = (ListView) findViewById(R.id.simpleLv);
17          ArrayList<HashMap<String, Object>> list1 = new ArrayList<HashMap<
18          String,Object>>();
19          for(int i=0;i<12;i++)
20          {
21              int j=i+1;
22              HashMap<String, Object> map = new HashMap<String, Object>();
23              map.put("item_photo", R.drawable.ic_launcher);
24              map.put("item_name", "同学"+j);
25              list1.add(map);
26              SimpleAdapter mSimpleAdapter = new SimpleAdapter(this,list1,
27                  R.layout.item, new String[] {"item_photo","item_name"},
28                  new int[] {R.id.item_photo,R.id.item_name});
29              simpleLv.setAdapter(mSimpleAdapter);
30              simpleLv.setOnItemClickListener(new OnItemClickListener() {
31                  public void onItemClick(AdapterView<?> arg0, View arg1,
32                      int arg2,long arg3) {
33                      int k=arg2+1;
34                      setTitle("你选择了同学"+k);
35                  }
36              });
37          }
38      }
39  }
```

上述代码说明如下。

第 12 行:声明一个 ListView(列表视图)控件。

第 16 行:获取 ListView(列表视图)控件的引用。

第 17~18 行:定义一个动态数组 ArrayList,存储的是 HashMap 对象。

第 22 行:定义一个 HashMap 对象。

第 23 行:将放在 drawable 中的图片 ic_launcher 放入 HashMap。

第 24 行:将文本"同学 XX"放入 HashMap。

第 25 行:把 HashMap 放入动态数组 ArrayList 中。

第 26~28 行:为 ListView(列表视图)控件定义一个 SimpleAdapter。其中 list1 是需要绑定的数据;R. layout. item 是 ListView(列表视图)控件每一行的布局;new String[]{"item_photo","item_name"}和 new int[]{R. id. item_photo, R. id. item_name}将动态数组中的数据源的键与行布局的 View 相对应。

第 29 行:为 ListView(列表视图)控件绑定适配器。

第 30~36 行:为 ListView(列表视图)控件设置选择选项的监听。其中,第 34 行把选择放置在 ListView(列表视图)控件的标题栏。

例 Chap6_5 的运行结果界面如图 6-5 所示。其中图 6-5(a)是程序运行的初始界面。图 6-5(b)是用户选择了 ListView(列表视图)控件的"同学 8"后的界面。

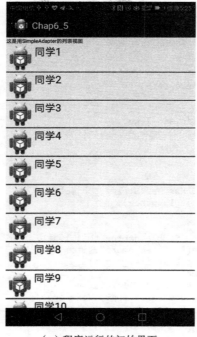

(a)程序运行的初始界面　　(b)用户选择了ListView（列表视图）控件 "同学8" 后的界面

图 6-5　例 Chap6_5 的运行结果界面

6.6 GridView(网格视图)控件

GridView(网格视图)控件与第 6.5 节介绍的 ListView(列表视图)控件类似,都可以滚动显示数据。二者的区别在于 ListView(列表视图)控件适用于单列多行情况下的滚动显示,而 GridView(网格视图)控件适用于多列多行以网格方式显示数据。由此可以把 ListView(列表视图)控件看成是 GridView(网格视图)控件只有一列情况下的特例,因此这两种视图的属性和设置方法有很多相似之处。在上面学习 ListView(列表视图)控件的基础之上,本节将介绍 GridView(网格视图)控件的独有属性和功能,然后举例说明。

6.6.1 GridView(网格视图)控件简介

GridView(网格视图)类位于 android.widget 包下,它能以一种多行多列的网格状的方式展示数据,它也能通过用户上下滑动屏幕来滚动显示,进而展示更多的数据内容。下面对 GridView(网格视图)控件的常用属性、设置方法和功能将加以简单介绍,其中 GridView(网格视图)控件的常用属性名称和功能描述如表 6-8 所示。

表 6-8 GridView(网格视图)控件的常用属性名称和功能描述

属 性 名 称	功 能 描 述
android:columnWidth	设置列的宽度
android:gravity	设置组件对齐方式
android:horizontalSpacing	设置水平方向每个单元格的间距
android:verticalSpacing	设置垂直方向每个单元格的间距
android:numColumns	设置列数
android:stretchMode	设置拉伸模式,有四种取值。其中"none"表示不拉伸;"spacingWidth"表示拉伸元素间的间隔空隙,不拉伸网格元素本身;"columnWidth"表示仅拉伸网格元素自身,不拉伸元素的间隔空隙;"spacingWidthUniform"表示元素间的间隔空隙和元素与屏幕左右两边的间距都进行拉伸

用户在 GridView(网格视图)中选择之后,系统还需对用户的选择进行监听,以便做出对应的响应。GridView(网格视图)类的常用监听方法与第 6.3 节介绍的 Spinner(下拉列表)类的监听方法类似,请参见表 6-6,此处就不重复说明。

在 Android 应用程序开发时,创建、使用 GridView(网格视图)控件需要以下三个要素。
(1) 数据源:在网格中显示的字符串、图片或者基本组件。
(2) 适配器:数据通过适配器 Adapter 这个中介才能在 GridView(网格视图)中显示出来。
(3) GridView(网格视图):用来展示数据的网格视图。

在 GridView（网格视图）控件中，必须先将网格中显示的数据送入适配器，然后绑定适配器和 GridView（网格视图）才能将数据显示出来。因为 GridView（网格视图）控件处理的数据通常带有图片，为了处理图片方便，所以它常用的适配器为 SimpleAdapter 和 BaseAdapter 两种。而前面介绍过的 ArrayAdapter 因为只能处理一行文本，所以不适用于 GridView（网格视图）控件。

6.6.2 GridView（网格视图）控件应用举例

本节将通过一个实例来介绍 GridView（网格视图）控件的使用方法。在该例中，界面上有两个 TextView（文本框）控件和一个 GridView（网格视图）控件。其中一个 TextView（文本框）控件用来显示提示信息，另一个 TextView（文本框）控件用来展示用户的选择结果。一个 GridView（网格视图）控件用来实现一个 2×2 的图片网格供用户选择。这个 GridView（网格视图）控件采用 SimpleAdapter 来绑定数据。在此例中，用户既要修改 XML 代码，又要修改 Java 代码，同时还要创建一个"grid_item.xml"文件为 GridView（网格视图）的每一个元素定义布局。另外，还需修改 values 目录下的"strings.xml"文件以便添加要显示图片网格的文字说明。首先打开集成开发环境 ADT，创建一个名为"Chap6_6"的项目，然后修改主布局文件"activity_main.xml"、GridView（网格视图）的布局文件"grid_item.xml"、"strings.xml"、Java 文件"MainActivity.java"的部分代码。

1. activity_main.xml

activity_main.xml 文件的代码如下。

```xml
1  <LinearLayout xmlns:android="http://schemas.android.com/apk/res/android"
2      android:orientation="vertical"
3      android:layout_width="match_parent"
4      android:layout_height="match_parent"
5      >
6      <TextView
7          android:layout_width="match_parent"
8          android:layout_height="wrap_content"
9          android:text="一个Gridview网格视图的例子"
10         android:textSize="40px"
11     />
12     <TextView
13         android:layout_width="wrap_content"
14         android:layout_height="60px"
15         android:textSize="40px"
16         android:id="@+id/tv1"
17     />
18     <GridView
19         android:id="@+id/grid_view1"
20         android:layout_width="match_parent"
21         android:layout_height="match_parent"
22         android:stretchMode="columnWidth"
23         android:numColumns="2"
24         android:verticalSpacing="15dp"
25         android:horizontalSpacing="15dp"
26     />
27 </LinearLayout>
```

上述代码说明如下。

第 1~5 行:声明一个线性布局,显示方式为垂直显示,宽度和高度铺满整个手机屏幕。

第 6~11 行:声明一个 TextView(文本框)控件,定义其大小,用来显示提示信息。

第 12~17 行:声明一个 TextView(文本框)控件,定义其大小,用来显示用户的选择结果。

第 18~26 行:声明一个 GridView(网格视图)控件。其中,第 19 行定义其 id 为 grid_view1,第 22 行定义它的拉伸模式是拉伸网格元素自身,第 23 行定义 GridView(网格视图)控件在屏幕上显示两列,第 24 行定义网格元素间的纵向间隔,第 25 行定义网格元素间的横向间隔。

2. grid_item.xml

grid_item.xml 文件的代码如下。

```
1  <LinearLayout xmlns:android="http://schemas.android.com/apk/res/android"
2      android:layout_width="match_parent"
3      android:layout_height="match_parent"
4      android:orientation="vertical" >
5      <ImageView
6          android:layout_height="200px"
7          android:layout_width="wrap_content"
8          android:layout_gravity="center"
9          android:id="@+id/item_image"
10     />
11     <TextView
12         android:layout_width="match_parent"
13         android:layout_height="wrap_content"
14         android:textSize="30px"
15         android:layout_gravity="center"
16         android:gravity="center"
17         android:id="@+id/item_text"
18     />
19 </LinearLayout>
```

上述代码说明如下。

第 1~4 行:声明一个线性布局,显示方式为垂直显示,宽度和高度是铺满父容器屏幕。

第 5~10 行:声明一个 ImagView(图片)控件。其中,第 6 行定义其高度为 200 px,第 7 行定义其宽度为自适应显示,第 8 行定义控件的对齐方式是居中显示,第 9 行定义该控件的 id 为 item_image。

第 11~18 行:声明一个 TextView(文本框)控件,用来显示图片的说明文字。其中第 13 行定义控件高度为自适应文本大小、第 17 行定义 TextView(文本框)控件 id 为 item_text。

3. strings.xml

strings.xml 文件的代码如下。

```xml
1  <resources>
2      <string name="app_name">Chap6_6</string>
3      <string name="action_settings">Settings</string>
4      <string name="hello_world">Hello world!</string>
5      <string name="name1">春天</string>
6      <string name="name2">夏天</string>
7      <string name="name3">秋天</string>
8      <string name="name4">冬天</string>
9  </resources>
```

上述代码说明如下。

第 5~8 行：声明字符串变量 name1、name2、name3 和 name4 的取值分别为春天、夏天、秋天和冬天。

4．MainActivity.java

MainActivity.java 文件的代码如下。

```java
1   package com.example.chap6_6;
2   import android.os.Bundle;
3   import android.app.Activity;
4   import java.util.ArrayList;
5   import java.util.HashMap;
6   import java.util.List;
7   import java.util.Map;
8   import android.view.View;
9   import android.widget.AdapterView;
10  import android.widget.AdapterView.OnItemClickListener;
11  import android.widget.GridView;
12  import android.widget.LinearLayout;
13  import android.widget.SimpleAdapter;
14  import android.widget.TextView;
15  public class MainActivity extends Activity {
16      private TextView tv1;
17      private GridView grid_view1;
18      private List<Map<String, Object>> Photo_list ;
19      protected void onCreate(Bundle savedInstanceState) {
20          super.onCreate(savedInstanceState);
21          setContentView(R.layout.activity_main);
22          grid_view1=(GridView)findViewById(R.id.grid_view1);
23          int[] nameIDs={R.string.name1,R.string.name2,R.string.name3,
24          R.string.name4};
25          int[] photoIDs={R.drawable.ph1,R.drawable.ph2,R.drawable.ph3,
26          R.drawable.ph4};
27          int rowNum=nameIDs.length;
28          Photo_list = new ArrayList<Map<String, Object>>();
29          for(int i=0;i<rowNum;i++)
30          {
31              HashMap<String, Object> map = new HashMap<String, Object>();
32              map.put("photoRow", photoIDs[i]);
```

```
33                    map.put("nameRow", this.getResources().getString(nameIDs[i]));
34                    Photo_list.add(map);
35                }
36                SimpleAdapter ada=new SimpleAdapter(this,Photo_list,R.layout.grid_item,new
                   String[]{"photoRow","nameRow"},new int[]{R.id.item_image,R.id.item_text});
37                grid_view1.setAdapter(ada);
38                grid_view1.setOnItemClickListener(new OnItemClickListener()
39                {
40                    @Override
41                    public void onItemClick(AdapterView<?> arg0, View arg1, int arg2,
42                    long arg3) {
43                        tv1=(TextView)findViewById(R.id.tv1);
44                        LinearLayout l1=(LinearLayout)arg1;
45                        TextView t1=(TextView)l1.getChildAt(1);
46                        String str="你选择的是："+t1.getText().toString();
47                        tv1.setText(str);
48                    }
49                });
50            }
51        }
```

上述代码说明如下。

第 16 行:声明一个 TextView(文本框)控件。

第 17 行:声明一个 GridView(网格视图)控件。

第 18 行:创建一个 List。

第 22 行:获取 GridView(网格视图)控件的引用。

第 23~24 行:定义图片名 id 列表。

第 25~26 行:定义图片 id 数组。

第 27 行:定义整型变量 rowNum 来存储数组的长度。

第 28 行:定义一个动态数组 ArrayList,存储 HashMap 对象。

第 29~35 行:定义一个 HashMap 对象。

第 36 行:为 GridView(网格视图)控件定义一个 SimpleAdapter。其中 Photo_list 是需要绑定的数据;R.layout.grid_item 是 GridView(网格视图)每一个网格元素的布局;new String[]{"photoRow","nameRow"}、new int[]{R.id.item_image,R.id.item_text}将动态数组中的数据源的键与网格元素布局的 View 相对应。

第 37 行:为 GridView(网格视图)控件绑定适配器。

第 38~49 行:为 GridView(网格视图)控件设置选择选项的监听。其中第 46 行将选择结果送到 TextView(文本框)中显示。

例 Chap6_6 的运行结果界面如图 6-6 所示。其中图 6-6(a)是程序运行的初始界面。图 6-6(b)是用户选择了 GridView(网格视图)控件的第二张图片后的结果界面。

（a）程序运行的初始界面　　　　　（b）用户选择了GridView（网格视图）控件的
　　　　　　　　　　　　　　　　　　　第二张图片后的结果界面

图 6-6　例 Chap6_6 的运行结果界面

6.7　TabHost(选项卡)控件

功能复杂的 Android 应用程序由几部分功能模块构成。由于 Android 手机屏幕大小受限，功能模块不能全部展示在屏幕上。这种情况下，可以使用 TabHost(选项卡)控件来实现应用程序的多个组件。本节将介绍 TabHost(选项卡)控件并举例说明。

6.7.1　TabHost(选项卡)控件简介

因为 TabHost(选项卡)控件可以方便地在窗口上放置多个标签页，进而可以快速拓展应用程序的功能，因此 TabHost(选项卡)控件在 Android 应用程序开发中得到了广泛应用。在 TabHost(选项卡)控件中，每个标签页都获得了与外部容器同等大小的展示空间。

TabHost(选项卡)类位于 Android.widget 包下，它继承了 FrameLayout 帧布局，在帧布局下还可以包含多个子布局。TabHost(选项卡)是整个 Tab 的容器，包含 TabWidget 和 FrameLayout 两部分。其中 TabWidget 是每个 Tab 的标签，即选项卡的标题条，FrameLayout 是每个 Tab 要显示的内容。

实现 TabHost(选项卡)控件有两种方式：一种是 TabHost(选项卡)控件继承自 TabActivity，使用 getTabHost()方法从 TabActivity 中获取，该方式并不在界面布局文件(.xml)中定义 TabHost(选项卡)，在布局文件中定义的是 Tab 中的内容；另一种实现

TabHost(选项卡)控件的方式是在布局文件中定义 TabHost(选项卡),在 Java 源代码中不用继承 TabActivity,而是通过 findViewById 获得 TabHost(选项卡)的引用。

在布局文件中定义 TabHost(选项卡)控件时,必须严格按照系统要求来定义 TabWidget 和 FrameLayout 的 ID,其中 TabWidget 的 ID 必须是"@android:id/tabs",FrameLayout 的 ID 必须是"@android:id/tabcontent"。用户可以自行定义 TabHost(选项卡)控件的 ID。

6.7.2 TabHost(选项卡)控件应用举例

本节将通过一个实例来介绍 TabHost(选项卡)控件的使用方法。在该例中,主界面上有一个 TextView(文本框)控件和两个 Button(按钮)控件。其中的 TextView(文本框)控件用来显示提示信息,两个 Button(按钮)控件分别跳转两种不同的创建 TabHost(选项卡)控件方式的例子,其中一个 Button(按钮)跳转到继承自 TabActivity、使用 getTabHost()方法获取 TabHost(选项卡)控件;另一个 Button(按钮)跳转到在布局文件中创建 TabHost(选项卡)控件,在 Java 代码中通过 findViewById 获得 TabHost(选项卡)的引用。在此例中用户需要修改主布局文件"activity_main.xml"和对应的"MainActivity.java"代码。因为要采用两种方式实现 TabHost(选项卡)控件,所以需要增加两个布局文件和对应的两个 Java 代码,分别命名为"tabxml.xml"、"tabactivity.xml"和"tabXml.java"、"tabActivity.java",最后还要在"AndroidManifest.xml"文件中为两个新的 Activity 增加说明。上述文件部分代码如下。

1. activity_main.xml

activity_main.xml 文件的代码如下。

```
1   <LinearLayout xmlns:android="http://schemas.android.com/apk/res/android"
2       android:orientation="vertical"
3       android:layout_width="match_parent"
4       android:layout_height="match_parent"
5       >
6       <TextView
7           android:layout_width="match_parent"
8           android:layout_height="wrap_content"
9           android:text="TabHost选项卡控件举例"
10          />
11      <Button
12          android:layout_width="wrap_content"
13          android:layout_height="wrap_content"
14          android:layout_gravity="center"
15          android:id="@+id/Butt1"
16          android:text="TabHost:继承自TabActivity"
17          android:textSize="40px"
18          />
19      <Button
20          android:layout_width="wrap_content"
21          android:layout_height="wrap_content"
22          android:layout_gravity="center"
23          android:id="@+id/Butt2"
24          android:text="TabHost:在布局文件中定义"
25          android:textSize="40px"
26          />
27  </LinearLayout>
```

上述代码说明如下。

第1~5行:声明一个线性布局,显示方式为垂直显示,宽度和高度为铺满整个手机屏幕。

第6~10行:声明一个TextView(文本框)控件,定义其大小,用来显示提示信息。

第11~18行:声明一个Button(按钮)控件。其中,第12、13行定义其大小为自适应大小;第14行定义该控件居中显示;第15行定义该控件的id为"Butt1";第16行定义按钮上显示的文字是"TabHost:继承自TabActivity";第17行定义按钮上文本的大小。

第19~26行:声明一个Button(按钮)控件。其中,第20、21行定义其大小为自适应大小;第22行定义该控件居中显示;第23行定义该控件的id为"Butt2";第24行定义按钮上显示的文字是"TabHost:在布局文件中定义";第25行定义按钮上文本的大小。

2. tabActivity.xml

tabActivity.xml文件的代码如下。

```
1   <FrameLayout xmlns:android="http://schemas.android.com/apk/res/android"
2       android:orientation="vertical"
3       android:layout_width="match_parent"
4       android:layout_height="match_parent">
5       <LinearLayout
6           android:id="@+id/tabNo1"
7           android:layout_width="match_parent"
8           android:layout_height="match_parent"
9           android:gravity="center_horizontal"
10          android:orientation="vertical">
11          <TextView
12              android:layout_width="match_parent"
13              android:layout_height="match_parent"
14              android:text="在TabActivity实现的选项卡1"
15              android:textSize="40px"/>
16      </LinearLayout>
17      <LinearLayout
18          android:id="@+id/tabNo2"
19          android:layout_width="match_parent"
20          android:layout_height="match_parent"
21          android:gravity="center_horizontal"
22          android:orientation="vertical">
23          <TextView
24              android:layout_width="match_parent"
25              android:layout_height="match_parent"
26              android:text="在TabActivity实现的选项卡2"
27              android:textSize="40px"/>
28      </LinearLayout>
29      <LinearLayout
30          android:id="@+id/tabNo3"
31          android:layout_width="match_parent"
32          android:layout_height="match_parent"
33          android:gravity="center_horizontal"
34          android:orientation="vertical">
35          <TextView
36              android:layout_width="match_parent"
37              android:layout_height="match_parent"
38              android:text="在TabActivity实现的选项卡3"
39              android:textSize="40px"/>
40      </LinearLayout>
41  </FrameLayout>
```

上述代码说明如下。

第 1～4 行:声明一个帧布局,显示方式为垂直显示,宽度和高度为铺满父容器屏幕。

第 5～16 行:声明选项卡 1 的线性布局。其中,第 6 行定义其 id 为"tabNo1";第 7、8 行定义其宽度和高度为铺满父容器;第 9 行定义对齐方式是水平居中显示;第 10 行定义这个线性布局是垂直显示;第 11～15 行声明在线性布局中要显示的 TextView(文本框)控件的宽度和高度,以及要显示的文本内容和大小。

第 17～28 行:声明选项卡 2 的线性布局。其中,第 18 行定义其 id 为"tabNo2";第 19、20 行定义其宽度和高度为铺满父容器;第 21 行定义对齐方式是水平居中显示,第 22 行定义这个线性布局是垂直显示;第 23～27 行声明在线性布局中要显示的 TextView(文本框)控件的宽度和高度,以及要显示的文本内容和大小。

第 29～40 行:声明选项卡 3 的线性布局。其中,第 30 行定义其 id 为"tabNo3";第 31、32 行定义其宽度和高度为铺满父容器;第 33 行定义对齐方式是水平居中显示;第 34 行定义这个线性布局是垂直显示;第 35～39 行声明在线性布局中要显示的 TextView(文本框)控件的宽度和高度,以及要显示的文本内容和大小。

3. tabxml.xml

tabxml.xml 文件的代码如下。

```
1   <LinearLayout xmlns:android="http://schemas.android.com/apk/res/android"
2       android:layout_width="match_parent"
3       android:layout_height="match_parent"
4       android:id="@+id/tab2"
5       android:orientation="vertical">
6       <TextView
7           android:layout_width="match_parent"
8           android:layout_height="wrap_content"
9           android:text="TabHost:在布局文件中定义"
10          android:textSize="40px"
11          />
12      <TabHost
13          android:id="@+id/tabhost"
14          android:layout_width="match_parent"
15          android:layout_height="match_parent">
16          <LinearLayout
17              android:layout_width="match_parent"
18              android:layout_height="match_parent"
19              android:orientation="vertical">
20              <TabWidget
21                android:layout_width="match_parent"
22                android:layout_height="wrap_content"
23                android:id="@android:id/tabs"
24                android:orientation="horizontal"
25                >
26              </TabWidget>
27              <FrameLayout
28                  android:layout_width="match_parent"
29                  android:layout_height="match_parent"
30                  android:id="@android:id/tabcontent">
31                  <TextView
```

上述代码说明如下。

第 1~5 行:声明一个线性布局,显示方式为垂直显示,宽度和高度铺满父容器屏幕,其 id 为"tab2"。

第 6~11 行:声明 TextView(文本框)控件。其中,第 7、8 行定义其宽度为铺满父容器,其高度为自适应,第 9 行定义其显示的文本是"TabHost:在布局文件中定义";第 10 行定义显示文本的大小是 40 px。

第 12~15 行:声明 TabHost(选项卡)控件。其中,第 13 行定义其 id 为"tabhost";第 14、15 行定义其宽度和高度为铺满父容器。

第 16~19 行:定义垂直显示的线性布局,其宽度和高度为铺满父容器。其中,第 19 行定义该线性布局为垂直显示。

第 20~26 行:声明 TabWidget 控件。其中,第 21、22 行定义其宽度为铺满父容器,高度为自适应;第 23 行定义其 id 为"tabs",第 24 行定义其为水平显示。

第 27~30 行:声明一个帧布局。其中,第 28、29 行定义其宽度和高度为铺满父容器;第 30 行定义其 id 为"tabcontent"。

第 31~36 行:定义要在选项卡 1 中显示的文本控件信息。其中,第 34 行定义其 id 为 "tabXml_view1";第 35 行是文本控件的文本;第 36 行定义文本的大小。

第 37~42 行:定义要在选项卡 2 中显示的文本控件信息。其中,第 38、39 行定义其宽度和高度为铺满父容器;第 40 行定义其 id 为"tabXml_view2";第 41 行是文本控件的文本;第 42 行定义文本的大小。

第 43~48 行:定义要在选项卡 3 中显示的文本控件信息。其中,第 44、45 行定义其宽度和高度为铺满父容器;第 46 行定义其 id 为"tabXml_view3";第 47 行是文本控件的文本;第 48 行定义文本的大小。

4. mainActivity.java

mainActivity.java 文件的代码如下。

```
1   package com.example.chap6_7;
2   import android.os.Bundle;
3   import android.app.Activity;
4   import android.content.Intent;
5   import android.view.View;
6   import android.widget.Button;
7   public class MainActivity extends Activity {
8       private Button Butt1;
9       private Button Butt2;
10      public void onCreate(Bundle savedInstanceState) {
11          super.onCreate(savedInstanceState);
12          setContentView(R.layout.activity_main);
13          Butt1=(Button)findViewById(R.id.Butt1);
14          Butt2=(Button)findViewById(R.id.Butt2);
15          Butt1.setOnClickListener(new Button.OnClickListener()
16          {
17              @Override
18              public void onClick(View v) {
19                  Intent intent=new Intent();
20                  intent.setClass(MainActivity.this, tabActivity.class);
21                  startActivity(intent);
22              }
23          });
24          Butt2.setOnClickListener(new Button.OnClickListener()
25          {
26              @Override
27              public void onClick(View v) {
28                  Intent intent=new Intent();
29                  intent.setClass(MainActivity.this, tabXml.class);
30                  startActivity(intent);
31              }
32          });
33      }
34  }
```

上述代码说明如下。

第 8～9 行：声明两个 Button(按钮)控件。

第 13～14 行：获取两个 Button(按钮)控件的引用。

第 15～23 行：对第一个 Button(按钮)控件进行监听,用于跳转到 tabActivity。

第 24～32 行：对第二个 Button(按钮)控件进行监听,用于跳转到 tabXml。

5. tabActivity.java

tabActivity.java 文件的代码如下。

```
1   package com.example.chap6_7;
2   import android.app.TabActivity;
3   import android.os.Bundle;
4   import android.view.LayoutInflater;
5   import android.widget.TabHost;
6   public class tabActivity extends TabActivity{
7       private TabHost TabHost1;
```

```
 8          protected void onCreate(Bundle savedInstanceState) {
 9              super.onCreate(savedInstanceState);
10              TabHost1 = this.getTabHost();
11              LayoutInflater.from(this).inflate(
                  R.layout.tabactivity,TabHost1.getTabContentView(), true);
12              TabHost1.addTab(TabHost1
13                      .newTabSpec("选项卡1")
14                      .setIndicator("选项卡1")
15                      .setContent(R.id.tabNo1));
16              TabHost1.addTab(TabHost1
17                      .newTabSpec("选项卡2")
18                      .setIndicator("选项卡2")
19                      .setContent(R.id.tabNo2));
20              TabHost1.addTab(TabHost1
21                      .newTabSpec("选项卡3")
22                      .setIndicator("选项卡3")
23                      .setContent(R.id.tabNo3));
24          }
25      }
```

上述代码说明如下。

第7行：声明一个 TabHost(选项卡)控件。

第10行：通过 getTabHost()方法获取 Activity 的 TabHost(选项卡)控件。

第11行：利用 LayoutInflater 来查找该 Activity 对应的布局文件 tabactivity.xml，并将其实例化。

第12~15行：给 TabHost1 增加一个新的选项卡，即选项卡1。其中，第13行使用 newTabSpec 方法增加选项卡；第14行使用 setIndicator()方法设置选项卡的标签名为"选项卡1"；第15行使用 setContent()方法指定选项卡的内容，该参数必须是某个控件的 id 或者布局的 id。

第16~19行：给 TabHost1 增加一个新的选项卡，即选项卡2。其中，第17行使用 newTabSpec 方法增加选项卡；第18行使用 setIndicator()方法设置选项卡的标签名为"选项卡2"；第19行使用 setContent()方法指定选项卡的内容，该参数必须是某个控件的 id 或者布局的 id。

第20~23行：给 TabHost1 增加一个新的选项卡，即选项卡3。其中，第21行使用 newTabSpec 方法增加选项卡；第22行使用 setIndicator()方法设置选项卡的标签名为"选项卡3"；第23行使用 setContent()方法指定选项卡的内容，该参数必须是某个控件的 id 或者布局的 id。

6. tabXml.java

tabXml.java 文件的代码如下。

```
1   package com.example.chap6_7;
2   import android.app.Activity;
3   import android.os.Bundle;
4   import android.widget.TabHost;
5   public class tabXml extends Activity{
```

```
 6      protected void onCreate(Bundle savedInstanceState) {
 7          super.onCreate(savedInstanceState);
 8          setContentView(R.layout.tabxml);
 9          TabHost tabHost2 = (TabHost) findViewById(R.id.tabhost);
10          tabHost2.setup();
11          tabHost2.addTab(tabHost2
12                  .newTabSpec("tab1")
13                  .setIndicator("tab1")
14                  .setContent(R.id.tabXml_view1));
15          tabHost2.addTab(tabHost2
16                  .newTabSpec("tab2")
17                  .setIndicator("tab2")
18                  .setContent(R.id.tabXml_view2));
19          tabHost2.addTab(tabHost2
20                  .newTabSpec("tab3")
21                  .setIndicator("tab3")
22                  .setContent(R.id.tabXml_view3));
23      }
24  }
```

上述代码说明如下。

第 9 行：声明一个 TabHost(选项卡)控件对象 tabHost2，并通过 findViewById 找到它的引用。

第 10 行：初始化 TabHost(选项卡)容器。

第 11～14 行：给 tabHost2 增加一个新的选项卡，即 tab1。其中，第 12 行使用 newTabSpec 方法增加选项卡；第 13 行使用 setIndicator()方法设置选项卡的标签名为 "tab1"；第 14 行使用 setContent()方法指定选项卡的内容，该参数必须是某个控件的 id 或者布局的 id。

第 15～18 行：给 tabHost2 增加一个新的选项卡，即 tab2。其中，第 16 行使用 newTabSpec 方法增加选项卡；第 17 行使用 setIndicator()方法设置选项卡的标签名为 "tab2"；第 18 行使用 setContent()方法指定选项卡的内容，该参数必须是某个控件的 id 或者布局的 id。

第 19～22 行：给 tabHost2 增加一个新的选项卡，即 tab3。其中，第 20 行使用 newTabSpec 方法增加选项卡；第 21 行使用 setIndicator()方法设置选项卡的标签名为 "tab3"；第 22 行使用 setContent()方法指定选项卡的内容，该参数必须是某个控件的 id 或者布局的 id。

7. AndroidManifest.xml

修改"AndroidManifest.xml"文件，在其中增加 tabActivity 和 tabXml 两个 Activity。具体增加的代码如下。

```
1  <activity android:name=".tabActivity" android:label="@string/app_name"></activity>
2  <activity android:name=".tabXml" android:label="@string/app_name"> </activity>
```

例 Chap6_7 的运行结果界面如图 6-7 所示。其中图 6-7(a)是通过 TabActivity 继承来创建 TabHost(选项卡)控件的程序界面。图 6-7(b)是在布局文件中创建 TabHost(选项卡)控件的程序界面。

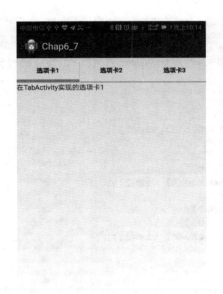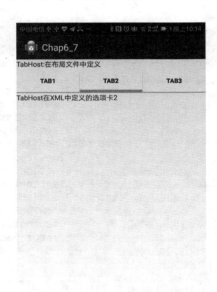

（a）TabHost（选项卡）控件继承自TabActivity 的界面　　　　（b）在布局文件中创建TabHost（选项卡）控件的界面

图 6-7　例 Chap6_7 的运行结果界面

6.8　习　　题

1. 利用自动完成文本功能设计一个 Android 应用程序，要求在输入课程名称时能够显示相应的提示。

2. 利用 Spinner（下拉列表）控件设计一个选课的应用程序，要求用 Spinner（下拉列表）控件显示可选的课程名称，并将用户的选择结果显示在屏幕上。

3. 利用 ListView（列表视图）控件设计一个通信录，要求每条信息包含头像、姓名和电话号码三部分内容。

4. 利用 GridView（网格视图）控件设计一个展示图片的应用程序，要求以九宫格形式展示图片，并且每张图片下面要加说明文字。

5. 仿照书中的例子，自主设计一个有 4 个选项卡的应用程序。

第 7 章　消息、通知与菜单

前面几章重点介绍了 Android 的常用基本控件和高级控件的用法，并举例进行了说明。在实际的 Android 应用程序开发中，仅有漂亮的界面是不够的，软件的互动性、易用性、可操作性都非常重要。这就要求软件界面与用户能够进行及时、有效地互动操作和信息交流。Android 系统提供了 Toast 消息提示、状态栏通知、对话框和菜单等组件供用户与软件进行交互操作。本章对这些组件的应用加以介绍。

7.1　Toast 消息提示

Toast 消息提示是在 Android 应用程序设计中经常使用的一种简单的信息提示方式，它无需在布局文件中声明，在 Java 代码中可以直接调用。当系统调用 Toast 消息提示时，会在当前视图的下方显示一个浮动的小窗口，它永远不会获得焦点，仅展示提示信息，并且在超时后会自动消失。本节将介绍 Toast 消息提示的使用方法，并举例加以说明。

7.1.1　Toast 消息提示的用法简介

Toast 消息提示被调用时，只浮现在当前视图的上方，并不会获得焦点，因此不会影响其他任何操作。它只用来提示信息，并且在超时后会自动消失，无需人工维护。Toast 消息提示的这种即时性以及会自动消失的特性，使得它具有使用简单、方便的优点。但正是这个特性，使得 Toast 消息提示适用于提示一些希望用户能够看到，但又不引人注目的消息，而不适用于提示一些重要的信息。对于那些重要信息的提示，将在第 7.2 节介绍。

调用 Toast 类涉及的主要设置方法及其功能描述如表 7-1 所示。

表 7-1　Toast 类的主要设置方法及其功能描述

设置方法	功能描述
Toast makeText()	创建一个 Toast 消息提示对象
void setGravity()	设置提示信息在屏幕上的显示位置
void setDuration()	设置 Toast 消息提示的存续期（可以为 LENGTH_SHORT 或 LENGTH_LONG）
void setText()	设置 Toast 消息提示对象要显示的文本内容

在表 7-1 中，创建 Toast 消息提示通常采用以下两种静态方法：

（1）static Toast makeText(Context context, int resId, int duration)。

（2）static Toast makeText(Context context, CharSequence text, int duration)。

这两种方法的参数大致相同，第一个参数是上下文对象，第二个参数是消息的来源，第三个参数是消息持续的时间。这两种方法的区别在于第二个参数，其中第(1)种方法的消息来源是要显示的字符串资源的 ID；第（2）种方法的消息来源就是直接指定字符串。

Toast 消息提示默认显示在屏幕中间偏下的位置，用户也可以通过 setGravity(int gravity,int xOffset,int yOffset)方法来改变消息出现的位置。与 makeText()方法相对应，使用 setText()方法设置消息内容的来源也有两个，分别是要显示的字符串资源的 ID 和直接指定字符串。

7.1.2 Toast 消息提示应用举例

本节将举例说明 Toast 消息提示的使用方法，在本节的例子中，共有一个 TextView(文本框)控件和一个 Button(按钮)控件。其中，TextView(文本框)控件用来显示提示信息，而 Button(按钮)控件被单击之后会在屏幕上出现一个 Toast 消息提示。

在此例中，用户既要修改 XML 代码，又要修改 Java 代码。首先打开集成开发环境 ADT，创建一个名为"Chap7_1"的项目，然后修改主布局文件"activity_main.xml"和 Java 文件"MainActivity.java"的部分代码。

1. activity_main.xml

activity_main.xml 文件的代码如下。

```
1   <LinearLayout xmlns:android="http://schemas.android.com/apk/res/android"
2       android:orientation="vertical"
3       android:layout_width="match_parent"
4       android:layout_height="match_parent"
5       >
6       <TextView
7           android:layout_width="match_parent"
8           android:layout_height="wrap_content"
9           android:text="Toast消息显示举例"
10      />
11      <Button
12          android:layout_width="wrap_content"
13          android:layout_height="wrap_content"
14          android:layout_gravity="center"
15          android:id="@+id/butt1"
16          android:text="显示Toast"
17      />
18  </LinearLayout>
```

上述代码说明如下。

第 1～5 行：声明一个线性布局，显示方式为垂直显示。

第 6～10 行：声明一个 TextView(文本框)控件，定义其大小和显示文本，用来显示提示信息。

第 11～17 行：声明一个 Button(按钮)控件。其中，第 14 行定义该按钮为居中显示；第 15 行定义其 id 为 butt1；第 16 行定义按钮上显示的文字是"显示 Toast"。

2. MainActivity.java

MainActivity.java 文件的代码如下。

```
1   package com.example.chap7_1;
2   import android.os.Bundle;
3   import android.app.Activity;
4   import android.view.View;
5   import android.widget.Button;
```

```
 6  import android.widget.Toast;
 7  public class MainActivity extends Activity {
 8      private Button butt1;
 9      @Override
10      public void onCreate(Bundle savedInstanceState) {
11          super.onCreate(savedInstanceState);
12          setContentView(R.layout.activity_main);
13          butt1=(Button)findViewById(R.id.butt1);
14          butt1.setOnClickListener(new Button.OnClickListener()
15          {
16              @Override
17              public void onClick(View v) {
18                  Toast toast1=Toast.makeText(MainActivity.this,
19                          "Toast消息显示举例", Toast.LENGTH_LONG);
20                  toast1.show();
21              }
22          });
23      }
24  }
```

上述代码说明如下。

第 8 行:声明一个 Button(按钮)控件。

第 13 行:获取 Button(按钮)控件的引用。

第 14~22 行:为 Button(按钮)控件增加单击事件监听。其中,第 18、19 行是创建一个 Toast 消息提示,Toast 消息提示显示的内容是"Toast 显示消息举例",持续时间是长时间;第 20 行是在屏幕上显示 Toast 消息提示。

例 Chap7_1 的运行结果界面如图 7-1 所示。其中图 7-1(a)是为程序运行后的初始界面;图 7-1(b)是 Toast 消息提示显示后的界面。

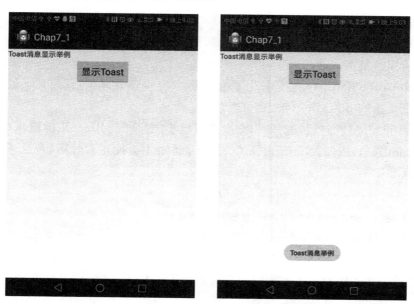

(a)程序运行后的初始界面　　(b)Toast消息提示显示后的界面

图 7-1　例 Chap7_1 的运行结果界面

7.2 Notification(状态栏)通知

如果用户的手机有未接来电、未处理的短信或者有一些系统消息时(例如电量不足),这时手机都会发出对应的提示信息,这些提示信息并不像 Toast 消息提示一样会自动消失,而是显示在手机屏幕的状态栏中。在状态栏中的通知是以图标的形式显示在通知区域中,用户可以在状态栏查看通知的详细信息。本节将介绍 Notification(状态栏)通知的功能与用法并举例加以说明。

7.2.1 Notification(状态栏)通知简介

Notification(状态栏)通知是一种具有全局效果的通知,可以在系统的通知栏中显示。当应用程序向系统发出通知时,它会以小图标的形式在通知栏中显示出来,并且这是一个持久的通知,用户可以随时查看通知的详细信息。Notification(状态栏)通知的优点在于:它可以在应用程序不开启的情况下或者在后台运行的情况下通知用户,这是系统的程序组件通知用户消息的有效方法。

开发 Android 应用程序时,如果要发送一个 Notification(状态栏)通知,都会涉及 Notification.Builder、Notification 和 NotificationManager 这三个类,它们的具体说明如下。

(1) Notification.Builer:使用 Builder 模式构建 Notification(状态栏)对象。因为 Notification.Builder 仅支持 Android 4.1 及之后的版本,为了解决兼容性问题,Google 公司在 android.support.v4.app.NotificationCompat 中定义了一个新类,即 NotificationCompat.Builder 类,该类具有较好的兼容性。

(2) Notification:保存与通知有关的数据、通知对应的类,并且供 NotificationManager 向系统发送通知时使用。

(3) NotificationManager:它是一个系统服务,属于通知管理类,调用其下的 notify()方法可以向系统发送 Notification(状态栏)通知。

创建 Notification(状态栏)通知时,至少要设置小图标(SmallIcon)、标题(ContentTitle)和内容(ContentText)三项,Notification(状态栏)通知才会被正常显示,反之系统会报错。具体设置方法如下。

(1) 小图标:通过 setSmallIcon()方法设置。
(2) 标题:通过 setContentTitle()方法设置。
(3) 内容:通过 setContentText()方法设置。

除了上述小图标、标题和内容三项外,其他项都属于可选项,但还是有一些属性会被经常设置,例如设置优先级和通知到达时的提醒方式等。Android 提供了铃声、振动和呼吸灯三种通知到达提醒方式,具体说明如表 7-2 所示。

表 7-2 中的通知到达提醒方式在编程时,即可以一次使用一种,也可以同时使用多种到达提醒方式。

表 7-2 Notification(状态栏)通知到达提醒方式

FLAG	说明
Notification.DEFAULT_SOUND	默认的声音到达提醒
Notification.DEFAULT_VIBRATE	默认的振动到达提醒
Notification.DEFAULT_LIGHTS	默认的呼吸灯到达提醒
Notification.DEFAULT_ALL	同时添加以上三种默认提醒

用户在编程时，可以根据需要设置 Notification(状态栏)的优先级，此时需要调用 NotificationCompat.Builder.setPriority()并传入一个优先级常量。Notification(状态栏)有五种优先级，具体如表 7-3 所示。

表 7-3 Notification(状态栏)的优先级

优先级	说明
Notification.PRIORITY_MAX	需要立即处理的重要而紧急的通知
Notification.PRIORITY_HIGH	用于重要通信内容(短信或 QQ 等)的高优先级
Notification.PRIORITY_DEFAULT	用于没有特殊优先级分类的默认优先级
Notification.PRIORITY_LOW	可以通知用户但非紧急事件的低优先级
Notification.PRIORITY_MIN	用于后台消息(天气或位置信息)的最低优先级，只有用户下拉通知抽屉才能看到内容

7.2.2 Notification(状态栏)通知应用举例

本节将举例说明 Notification(状态栏)通知的使用方法，在本节例子的主布局文件中，共有一个 TextView(文本框)控件和一个 Button(按钮)控件。其中，TextView(文本框)控件用来显示提示信息，而 Button(按钮)控件被单击之后会在屏幕的状态栏里出现一个 Notification(状态栏)的图标(android 小绿人)，单击下拉通知抽屉，点击该图标会跳转到另一个 Activity。

在此例中，用户既要修改 XML 代码，又要修改 Java 代码。同时还要创建布局文件"second.xml"和 Java 代码源文件"SecondActivity.java"为 Notification(状态栏)通知启动的 Activity 定义布局和要执行的操作。首先打开集成开发环境 ADT，创建一个新的名为"Chap7_2"的 Android 应用项目。然后修改主布局文件"activity_main.xml"、Java 文件"MainActivity.java"、新启动 Activity 的布局文件"second.xml"以及 Java 源代码"SecondActivity.java"的部分代码。

1. activity_main.xml

activity_main.xml 文件的代码如下。

```
1    <LinearLayout xmlns:android="http://schemas.android.com/apk/res/android"
2        android:orientation="vertical"
3        android:layout_width="match_parent"
4        android:layout_height="match_parent"
```

```
5      >
6      <TextView
7          android:layout_width="match_parent"
8          android:layout_height="wrap_content"
9          android:text="Notification使用举例"
10     />
11     <Button
12         android:layout_width="wrap_content"
13         android:layout_height="wrap_content"
14         android:id="@+id/butt1"
15         android:layout_gravity="center"
16         android:text="显示Notification通知"
17     />
18 </LinearLayout>
```

上述代码说明如下。

第1~5行:声明一个线性布局,显示方式为垂直显示。

第6~10行:声明一个TextView(文本框)控件,定义其大小和显示文本,用来显示提示信息。

第11~17行:声明一个Button(按钮)控件。其中,第14行定义其id为butt1;第15行定义该按钮为居中显示;第16行定义按钮上显示的文字是"显示Notification通知"。

2. MainActivity.java

MainActivity.java文件的代码如下。

```
1   package com.example.chap7_2;
2   import android.os.Bundle;
3   import android.app.Activity;
4   import android.app.Notification;
5   import android.app.NotificationManager;
6   import android.app.PendingIntent;
7   import android.content.Intent;
8   import android.support.v4.app.NotificationCompat;
9   import android.view.View;
10  import android.widget.Button;
11  public class MainActivity extends Activity {
12      private Button butt1 = null;
13      private Intent intent1 = null;
14      private PendingIntent PendingIntent1 = null;
15      private Notification notification1 = null;
16      private NotificationManager notificationManager1 = null;
17      public void onCreate(Bundle savedInstanceState) {
18          super.onCreate(savedInstanceState);
19          setContentView(R.layout.activity_main);
20          butt1=(Button)findViewById(R.id.butt1);
21          butt1.setOnClickListener(new View.OnClickListener()
22          {
23              public void onClick(View v)
24              {
25                  notification1 = new Notification();
26                  NotificationCompat.Builder builder1 = new
                       NotificationCompat.Builder(MainActivity.this);
27                  builder1.setSmallIcon(R.drawable.ic_launcher);
28                  builder1.setContentTitle("Notification标题");
29                  builder1.setContentText("简单的Notification举例");
```

```
30          builder1.setDefaults(Notification.DEFAULT_SOUND);
31          notificationManager1= (NotificationManager)getSystemService(
            NOTIFICATION_SERVICE);
32          intent1 = new Intent(MainActivity.this, SecondActivity.class);
33          PendingIntent1 = PendingIntent.getActivity(MainActivity.this,
            0, intent1, 0);
34          builder1.setContentIntent(PendingIntent1);
35          notificationManager1.notify(1, builder1.build());
36       }
37     });
38   }
39 }
```

上述代码说明如下。

第 12 行:声明一个 Button(按钮)控件。

第 13 行:声明一个 Intent 对象。

第 14 行:声明一个 PendingIntent 对象。

第 15 行:声明一个 Notification(状态栏)。

第 16 行:声明一个 NotificationManager。

第 20 行:获取按钮控件 butt1 的引用。

第 21~37 行:为 Button(按钮)控件增加单击事件监听。其中,第 26 行使用构建者模式构建 Notification(状态栏)对象;第 27 行设置 Notification(状态栏)的小图标是 ic_launcher (android 小绿人);第 28 行设置 Notification(状态栏)的标题是"Notification 标题";第 29 行设置 Notification(状态栏)的文本内容是"简单的 Notification 举例";第 30 行设置 Notification(状态栏)的通知到达提醒方式是默认的声音提醒;第 31 行是获得系统级的 NotificationManager 服务;第 32 行设置 Intent;第 33 行调用 PendingIntent 将 Intent 与 Activity 进行绑定;第 34 行设置 ContentIntent;第 35 行发送 Notification(状态栏)通知。

3. second.xml

second.xml 文件的代码如下。

```
1  <LinearLayout xmlns:android="http://schemas.android.com/apk/res/android"
2      android:orientation="vertical"
3      android:layout_width="match_parent"
4      android:layout_height="match_parent"
5      >
6      <TextView
7          android:layout_width="match_parent"
8          android:layout_height="wrap_content"
9          android:text="这个是通过Notification启动的"
10         />
11 </LinearLayout>
```

上述代码说明如下。

第 1~5 行:声明一个线性布局,显示方式为垂直显示。

第 6~10 行:声明一个 TextView(文本框)控件,定义其大小和显示文本,用来显示提示信息。

4. SecondActivity.java

SecondActivity.java 文件的代码如下。

```
1  package com.example.chap7_2;
2  import android.app.Activity;
3  import android.os.Bundle;
4  public class SecondActivity extends Activity {
5      @Override
6      public void onCreate(Bundle savedInstanceState) {
7          super.onCreate(savedInstanceState);
8          setContentView(R.layout.second);
9      }
10 }
```

上述代码与前面 5.2.2 节的类似，此处就不再重复说明。

5. AndroidManifest.xml

AndroidManifest.xml 文件的代码如下。

在此文件中增加以下几行代码。

```
1  <activity
2      android:name=".SecondActivity"
3      android:label="@string/app_name">
4  </activity>
```

例 Chap7_2 程序运行之后的结果界面如图 7-2 所示。其中图 7-2(a)是程序运行后的初始界面，单击其中的"显示 Notification 通知"按钮之后，会发送一个 Notification（状态栏）通

（a）程序运行后的初始界面　　（b）Notification（状态栏）消息界面

图 7-2　例 Chap7_2 程序运行之后的结果界面

(c) 启动新的Activity界面

续图 7-2

知,并在屏幕上方的状态栏中出现一个 Android 的小绿人图标;图 7-2(b)是单击状态栏后出现的消息,标题是"Notification 标题",内容是"简单的 Notification 举例";图 7-2(c)是单击通知图标之后程序跳转到新的 Activity 界面。

7.3 Dialog(对话框)

开发 Android 应用程序中,经常会用 Dialog(对话框)组件来与用户进行交互。Android 的对话框种类丰富,共有普通、列表、单选、多选、等待、进度条、编辑和自定义对话框八种。本节将介绍对话框的用法并举例加以说明。

7.3.1 Dialog(对话框)简介

Dialog(对话框)是一个弹出在屏幕上并且可以供用户选择或者输入信息的对话窗口。对话框通常不会占满整个屏幕,但它会获得屏幕的焦点,要求用户在对话框中做出决定之后再进行下一步操作。

在 Android 3.0 版本之前,都是用 Dialog(对话框)组件来产生对话框的,它的代码编写相对简单,但它的问题在于当手机配置发生变化后(比如屏幕旋转),Dialog(对话框)有可能无法正常显示。针对这个问题,Google 公司在 Android 3.0 版本之后引入了 DialogFragment(可以把它理解成基于 Fragment 的 Dialog),用来代替 Dialog(对话框)组件创建对话框。DialogFragment 的优点在于具有更高的可复用性和更好的便利性，能够很好地处理屏幕翻转的情况。

7.3.2 Dialog（对话框）应用举例

本节将举例说明 Dialog（对话框）的使用方法，在本节例子的主布局文件中，共有一个 TextView（文本框）控件和四个 Button（按钮）控件。其中，TextView（文本框）控件用来显示提示信息，四个 Button（按钮）控件被单击之后分别会出现基础、列表、多选和单选的对话框，单击按钮之后，对应的对话框就会显示在屏幕上。

在此例中，用户既要修改 XML 代码，又要修改 Java 代码。除此之外，还要为基本对话框、列表对话框、多选对话框和单选对话框这四个对话框创建对应的 Class。首先打开集成开发环境 ADT，创建一个新的名为"Chap7_3"的 Android 应用项目。然后除了修改主布局文件"activity_main.xml"和 Java 文件"MainActivity.java"的代码外，还要创建 4 个 Class，分别是"MyDialogFragment.java"、"MyItemDialogFragment.java"、"MyMultiChoiceDialogFragment.java"和"MySingleChoiceDialogFragment.java"，用来存放基本对话框、列表对话框、多选对话框和单选对话框这四个对话框的 Java 源代码。

1. activity_main.xml

activity_main.xml 文件的代码如下。

```
1   <LinearLayout xmlns:android="http://schemas.android.com/apk/res/android"
2       android:layout_width="match_parent"
3       android:layout_height="match_parent"
4       android:orientation="vertical" >
5       <TextView
6           android:layout_width="match_parent"
7           android:layout_height="wrap_content"
8           android:gravity="center"
9           android:text="对话框举例"
10          />
11      <Button
12          android:layout_width="wrap_content"
13          android:layout_height="wrap_content"
14          android:id="@+id/butt1"
15          android:layout_gravity="center"
16          android:text="基本Dialog"
17          />
18      <Button
19          android:layout_width="wrap_content"
20          android:layout_height="wrap_content"
21          android:id="@+id/butt2"
22          android:layout_gravity="center"
23          android:text="列表Dialog"
24          />
25      <Button
26          android:layout_width="wrap_content"
27          android:layout_height="wrap_content"
28          android:id="@+id/butt3"
29          android:layout_gravity="center"
30          android:text="多选Dialog"
```

```
31          />
32          <Button
33              android:layout_width="wrap_content"
34              android:layout_height="wrap_content"
35              android:id="@+id/butt4"
36              android:layout_gravity="center"
37              android:text="单选Dialog"
38          />
39      </LinearLayout>
```

上述代码说明如下。

第 1～4 行:声明一个线性布局,显示方式为垂直显示。

第 5～10 行:声明一个 TextView(文本框)控件,定义其大小和显示文本,用来显示提示信息。

第 11～17 行:声明一个 Button(按钮)控件。其中,第 14 行定义其 id 为 butt1;第 15 行定义该按钮为居中显示;第 16 行定义按钮上显示的文字是"基本 Dialog"。

第 18～24 行:声明一个 Button(按钮)控件。其中,第 21 行定义其 id 为 butt2;第 22 行定义该按钮为居中显示;第 23 行定义按钮上显示的文字是"列表 Dialog"。

第 25～31 行:声明一个 Button(按钮)控件。其中,第 28 行定义其 id 为 butt3;第 29 行定义该按钮为居中显示;第 30 行定义按钮上显示的文字是"多选 Dialog"。

第 32～38 行:声明一个 Button(按钮)控件。其中,第 35 行定义其 id 为 butt4;第 36 行定义该按钮为居中显示;第 37 行定义按钮上显示的文字是"单选 Dialog"。

2. MainActivity.java

MainActivity.java 文件的代码如下。

```
1   package com.example.chap7_3;
2   import android.os.Bundle;
3   import android.support.v4.app.FragmentActivity;
4   import android.support.v4.app.FragmentTransaction;
5   import android.view.View;
6   import android.view.View.OnClickListener;
7   import android.widget.Button;
8   public class MainActivity extends FragmentActivity {
9       private Button butt1;
10      private Button butt2;
11      private Button butt3;
12      private Button butt4;
13      protected void onCreate(Bundle savedInstanceState) {
14          super.onCreate(savedInstanceState);
15          setContentView(R.layout.activity_main);
16          butt1 = (Button) findViewById(R.id.butt1);
17          butt2 = (Button) findViewById(R.id.butt2);
18          butt3 = (Button) findViewById(R.id.butt3);
19          butt4 = (Button) findViewById(R.id.butt4);
20          butt1.setOnClickListener(new MyClickListener());
21          butt2.setOnClickListener(new MyClickListener());
22          butt3.setOnClickListener(new MyClickListener());
23          butt4.setOnClickListener(new MyClickListener());
24      }
25      class MyClickListener implements OnClickListener
```

```
26      {
27          public void onClick(View v)
28          {
29              switch (v.getId())
30              {
31                  case R.id.butt1:{
32                      MyDialogFragment mdf1 = new MyDialogFragment();
33                      FragmentTransaction ft1 =
                            getSupportFragmentManager().beginTransaction();
34                      ft1.setTransition(
                            FragmentTransaction.TRANSIT_FRAGMENT_FADE);
35                      mdf1.show(ft1, "df");
36                      break;}
37                  case R.id.butt2:{
38                      MyItemDialogFragment mdf2 = new MyItemDialogFragment();
39                      FragmentTransaction ft2 =
                            getSupportFragmentManager().beginTransaction();
40                      ft2.setTransition(
                            FragmentTransaction.TRANSIT_FRAGMENT_FADE);
41                      mdf2.show(ft2, "df");
42                      break;}
43                  case R.id.butt3: {
44                      MyMultiChoiceDialogFragment mdf3 = new
                            MyMultiChoiceDialogFragment();
45                      FragmentTransaction ft3 =
                            getSupportFragmentManager().beginTransaction();
46                      ft3.setTransition(
                            FragmentTransaction.TRANSIT_FRAGMENT_FADE);
47                      mdf3.show(ft3, "df");
48                      break;}
49                  case R.id.butt4: {
50                      MySingleChoiceDialogFragment mdf4 = new
                            MySingleChoiceDialogFragment();
51                      FragmentTransaction ft4 =
                            getSupportFragmentManager().beginTransaction();
52                      ft4.setTransition(
                            FragmentTransaction.TRANSIT_FRAGMENT_FADE);
53                      mdf4.show(ft4, "df");
54                      break;}
55              }
56          }
57      }
58  }
```

上述代码说明如下。

第9～12行：声明四个Button（按钮）控件。

第16～19行：获取四个Button（按钮）控件的引用。

第20～23行：对这四个Button（按钮）控件使用MyClickListenner()方法进行监听。

第31～36行：对第一个按钮进行监听。其中，第32行声明一个基本对话框MyDialogFragment；第33行通过调用getSupportFragmentManager()方法来获得FragmentManager；第34行设置Fragment切换时的动画是淡入淡出；第35行是显示对话框。

第37～42行：对第二个按钮进行监听。其中，第38行声明一个列表对话框

MyItemDialogFragment；第 39 行通过调用 getSupportFragmentManager( )方法来获得 FragmentManager；第 40 行设置 Fragment 切换时的动画是淡入淡出；第 41 行是显示对话框。

第 43～48 行：对第三个按钮进行监听。其中，第 44 行声明一个多选对话框 MyMultiChoiceDialogFragment；第 45 行通过调用 getSupportFragmentManager( )方法来获得 FragmentManager；第 46 行设置 Fragment 切换时的动画是淡入淡出；第 47 行是显示对话框。

第 49～54 行：对第四个按钮进行监听。其中，第 50 行声明一个单选对话框 MySingleChoiceDialogFragment；第 51 行通过调用 getSupportFragmentManager( )方法来获得 FragmentManager；第 52 行设置 Fragment 切换时的动画是淡入淡出；第 53 行是显示对话框。

3. MyDialogFragment.java

MyDialogFragment.java 文件的代码如下。

```
1   package com.example.chap7_3;
2   import android.app.AlertDialog;
3   import android.app.Dialog;
4   import android.content.DialogInterface;
5   import android.os.Bundle;
6   import android.support.v4.app.DialogFragment;
7   public class MyDialogFragment extends DialogFragment {
8       public Dialog onCreateDialog(Bundle savedInstanceState) {
9           AlertDialog.Builder builder = new AlertDialog.Builder(
                    getActivity());
10          builder.setTitle("基本Dialog")
11                  .setMessage("你好！")
12                  .setPositiveButton("确定", new
                    DialogInterface.OnClickListener() {
13                      public void onClick(DialogInterface dialog, int id) {
14                      }
15                  })
16                  .setNegativeButton("取消", new
                    DialogInterface.OnClickListener() {
17                      public void onClick(DialogInterface dialog, int id) {
18                      }
19                  });
20          return builder.create();
21      }
22  }
```

上述代码说明如下。

第 9 行：通过构建者模式创建 AlertDialog。

第 10 行：设置标题为"基本 Dialog"。

第 11 行：设置显示信息为"你好！"。

第 12～15 行：对"确定"按钮进行监听。

第 16～19 行：对"取消"按钮进行监听。

第 20 行：创建对话框并将结果返回。

4. MyItemDialogFragment.java

MyItemDialogFragment.java 文件的代码如下。

```java
package com.example.chap7_3;
import android.app.AlertDialog;
import android.app.Dialog;
import android.content.DialogInterface;
import android.os.Bundle;
import android.support.v4.app.DialogFragment;
import android.support.v4.app.FragmentManager;
public class MyItemDialogFragment extends DialogFragment {
    private String title="列表Dialog";
    private String[] items={"beijing","wuhan","shanghai","shenzhen"};
    private DialogInterface.OnClickListener onClickListener;
    public void show(String title, String[] items,
    DialogInterface.OnClickListener onClickListener,
                    FragmentManager fragmentManager) {
        this.title = title;
        this.items = items;
        this.onClickListener = onClickListener;
        show(fragmentManager, "MyItemDialogFragment");
    }
    public Dialog onCreateDialog(Bundle savedInstanceState) {
        AlertDialog.Builder builder = new AlertDialog.Builder(
            getActivity());
        builder.setTitle(title).setItems(items, onClickListener);
        return builder.create();
    }
}
```

上述代码说明如下。

第 9 行:声明一个字符串作为列表对话框的标题。

第 10 行:声明一个字符串数组作为列表对话框的列表内容。

第 11 行:声明监听方法。

第 12~18 行:重写 show 方法。其中,第 14 行为设置标题;第 15 行为设置列表;第 17 行为显示列表对话框。

第 19~23 行:创建 AlertDialog。

5. MyMultiChoiceDialogFragment.java

MyMultiChoiceDialogFragment.java 文件的代码如下。

```java
package com.example.chap7_3;
import android.app.AlertDialog;
import android.app.Dialog;
import android.content.DialogInterface;
import android.os.Bundle;
import android.support.v4.app.DialogFragment;
import android.support.v4.app.FragmentManager;
public class MyMultiChoiceDialogFragment extends DialogFragment {
    private String title="多选Dialog";
    private String[] items={"beijing","wuhan","shanghai","shenzhen"};
    private DialogInterface.OnMultiChoiceClickListener
    onMultiChoiceClickListener;
```

```
12      private DialogInterface.OnClickListener positiveCallback;
13      public void show(String title, String[] items,
14              DialogInterface.OnMultiChoiceClickListener onMultiChoiceClickListener,
                    DialogInterface.OnClickListener positiveCallback,
                    FragmentManager fragmentManager) {
15          this.title = title;
16          this.items = items;
17          this.onMultiChoiceClickListener = onMultiChoiceClickListener;
18          this.positiveCallback = positiveCallback;
19          show(fragmentManager, "MultiChoiceDialogFragment");
20      }
21      public Dialog onCreateDialog(Bundle savedInstanceState) {
22          AlertDialog.Builder builder = new AlertDialog.Builder(getActivity());
23          builder.setTitle(title).setMultiChoiceItems(items, null, onMultiChoiceClickListener)
24                  .setPositiveButton("确定", positiveCallback);
25          return builder.create();
26      }
27  }
```

上述代码说明如下。

第 9 行：声明一个字符串作为多选对话框的标题。

第 10 行：声明一个字符串数组作为多选对话框的选项。

第 11 行：声明多选对话框的监听方法。

第 13～20 行：重写 show 方法。其中，第 15 行为设置标题；第 16 行为设置多选项；第 17 行为设定多选监听方法；第 18 行对正反馈进行监听；第 19 行为调用 show 方法。

第 21～25 行：创建 AlertDialog。

6. MySingleChoiceDialogFragment.java

MySingleChoiceDialogFragment.java 文件的代码如下。

```
1   package com.example.chap7_3;
2   import android.app.AlertDialog;
3   import android.app.Dialog;
4   import android.content.DialogInterface;
5   import android.os.Bundle;
6   import android.support.v4.app.DialogFragment;
7   import android.support.v4.app.FragmentManager;
8   public class MySingleChoiceDialogFragment extends DialogFragment {
9       private String title="单选Dialog";
10      private String[] items={"beijing","wuhan","shanghai","shenzhen"};
11      private DialogInterface.OnClickListener onClickListener;
12      private DialogInterface.OnClickListener positiveCallback;
13      public void show(String title, String[] items,
14              DialogInterface.OnClickListener onClickListener,
                    DialogInterface.OnClickListener positiveCallback,
                    FragmentManager fragmentManager) {
15          this.title = title;
16          this.items = items;
17          this.onClickListener = onClickListener;
18          this.positiveCallback = positiveCallback;
19          show(fragmentManager, "SingleChoiceDialogFragment");
```

```
20     }
21     public Dialog onCreateDialog(Bundle savedInstanceState) {
22         AlertDialog.Builder builder = new AlertDialog.Builder(
           getActivity());
23         builder.setTitle(title).setSingleChoiceItems(items, 0,
           onClickListener)
24                 .setPositiveButton("确定", positiveCallback);
25         return builder.create();
26     }
27 }
```

上述代码说明如下。

第 9 行:声明一个字符串作为单选对话框的标题。

第 10 行:声明一个字符串数组作为单选对话框的选项。

第 11 行:声明单选对话框的监听方法。

第 13～20 行:重写 show 方法。其中,第 15 行为设置标题;第 16 行为设置单选项;第 17 行为设定单选监听方法;第 18 行对正反馈进行监听;第 19 行为调用 show 方法。

第 21～25 行:创建 AlertDialog。

例 Chap7_3 程序运行之后的结果界面如图 7-3 所示。其中图 7-3(a)是基本对话框的界面;图 7-3(b)是列表对话框的界面;图 7-3(c)是多选对话框的界面;图 7-3(d)是单选对话框的界面。

(a)基本对话框界面　　　　　　　　(b)列表对话框界面

图 7-3　例 Chap7_3 程序运行之后的结果界面

　　　（c）多选对话框界面　　　　　　　（d）单选对话框界面

续图 7-3

7.4　ContextMenu（上下文菜单）

　　使用 Android 应用程序时，长按（约 2 秒）某些 View 对象时，就可以呼出与此 View 对象相关的 ContextMenu（上下文菜单）。ContextMenu（上下文菜单）的操作方式类似于电脑鼠标右键的选中对象→点击右键→弹出菜单→执行操作等这一系列操作，ContextMenu（上下文菜单）是通过长时间按住界面上的元素，进而调出事先设计好的上下文菜单。本节将重点介绍 ContextMenu（上下文菜单）的设置方法及其功能并举例加以说明。

7.4.1　ContextMenu（上下文菜单）简介

　　ContextMenu（上下文菜单）继承自 android.view.Menu，因此 ContextMenu（上下文菜单）的拥有者是 Activity 中的 View 而不是 Activity。由于一个 Activity 中可以有多个 View，因此并不是每一个 View 都有对应的 ContextMenu（上下文菜单），而是根据需要为 View 来指定 ContextMenu（上下文菜单）。需要注意的是，ContextMenu（上下文菜单）不支持快捷键（shortcut），同时它的选项也没有图标。如果用户需要，可以为 ContextMenu（上下文菜单）的标题添加图标。

　　虽然 ContextMenu（上下文菜单）与 View 绑定在一起，但是创建 ContextMenu（上下文菜单）却是通过 Activity 中的 onCreateContextMenu(ContextMenu, View, ContextMenuInfo) 方法来创建的。在 ContextMenu（上下文菜单）中常用的 Activity 类成员方法及说明如表 7-4 所示。

表 7-4 ContextMenu(上下文菜单)中常用的 Activity 类成员方法及说明

方　　法	说　　明
RegisterForContextMenu(View)	为 View 对象注册上下文菜单
onCreateContextMenu (ContextMenu,View,ContextMenuInfo)	为注册了上下文菜单的 View 对象呼出上下文菜单
onContextItemSelected(MenuItem)	上下文菜单选项被选后调用此方法

创建 ContextMenu(上下文菜单)的具体步骤如下：
(1) 在 Activity 中为 View 注册上下文菜单，通过 RegisterForContextMenu(…)方法实现。
(2) 生成上下文菜单，通过 onCreateContextMenu(…)方法创建。
(3) 响应上下文菜单，通过 onContextItemSelected(…)方法实现。

7.4.2 ContextMenu(上下文菜单)应用举例

本节将举例说明 ContextMenu(上下文菜单)的使用方法，在本节例子的主布局文件中，共有一个 TextView(文本框)控件和一个 EditText(输入框)控件。其中，TextView(文本框)控件用来显示提示信息，EditText(输入框)控件用来存放显示 TextView(文本框)控件的文本被复制后的结果。

在此例中，用户既要修改主布局文件"activity_main.xml"的代码，又需修改 Java 文件"MainActivity.java"的代码。首先打开集成开发环境 ADT，创建一个新的名为"Chap7_4"的 Android 应用项目。然后修改主布局文件"activity_main.xml"和 Java 文件"MainActivity.java"的部分代码。

1. activity_main.xml

activity_main.xml 文件的代码如下。

```
1  <LinearLayout xmlns:android="http://schemas.android.com/apk/res/android"
2      android:orientation="vertical"
3      android:layout_width="match_parent"
4      android:layout_height="match_parent"
5      >
6      <TextView
7          android:layout_width="match_parent"
8          android:layout_height="wrap_content"
9          android:id="@+id/tv1"
10         android:gravity="center"
11         android:text="ContextMenu上下文菜单举例"
12     />
13     <EditText
14         android:id="@+id/edit1"
15         android:layout_width="match_parent"
16         android:layout_height="wrap_content"
17         android:gravity="center"
18     />
19 </LinearLayout>
```

上述代码说明如下。

第 1~5 行：声明一个线性布局，显示方式为垂直显示。

第6~12行:声明一个TextView(文本框)控件,定义其大小和显示文本,用来显示提示信息。

第13~18行:声明一个EditText(输入框)控件。其中,第14行定义其id为edit1;第17行定义其居中显示。

2. MainActivity.java

MainActivity.java文件的代码如下。

```
1   package com.example.chap7_4;
2   import android.os.Bundle;
3   import android.app.Activity;
4   import android.view.ContextMenu;
5   import android.view.ContextMenu.ContextMenuInfo;
6   import android.view.MenuItem;
7   import android.widget.TextView;
8   import android.view.View;
9   import android.widget.EditText;
10  public class MainActivity extends Activity {
11      private TextView tv1;
12      private EditText edit1;
13      private String temp;
14      public void onCreate(Bundle savedInstanceState) {
15          super.onCreate(savedInstanceState);
16          setContentView(R.layout.activity_main);
17          this.registerForContextMenu(findViewById(R.id.tv1));
18          this.registerForContextMenu(findViewById(R.id.edit1));
19      }
20      public void onCreateContextMenu(ContextMenu menu, View v,ContextMenuInfo menuInfo)
21      {
22          menu.setHeaderIcon(R.drawable.ic_launcher);
23          if(v==findViewById(R.id.tv1))
24          {
25              menu.add(0,1,0,"剪切");
26              menu.add(0,2,0,"复制");
27              menu.add(0,3,0,"删除");
28          }
29          if(v==findViewById(R.id.edit1))
30          {
31              menu.add(0,4,0,"粘贴");
32              menu.add(0,5,0,"删除");
33          }
34      }
35      public boolean onContextItemSelected(MenuItem item)
36      {
37          tv1=(TextView)findViewById(R.id.tv1);
38          edit1=(EditText)findViewById(R.id.edit1);
39          switch(item.getItemId())
40          {
41              case 1:temp=tv1.getText().toString();
42                  tv1.setText("");
43                  break;
44              case 2:temp=tv1.getText().toString();
45                  break;
46              case 3:tv1.setText("");
47                  break;
48              case 4:edit1.setText(temp);
49                  break;
50              case 5:edit1.setText("");
51                  break;
52          }
53          return true;
54      }
55  }
```

上述代码说明如下。

第 11 行:声明一个 TextView(文本框)控件。

第 12 行:声明一个 EditText(输入框)控件。

第 13 行:声明一个字符串用来临时存储数据。

第 17 行:为 TextView(文本框)控件注册上下文菜单。

第 18 行:为 EditText(输入框)控件注册上下文菜单。

第 20~34 行:通过 onCreateContextMenu()方法生成上下文菜单。其中,第 23~28 行为 TextView(文本框)控件生成上下文菜单;第 29~33 行为 EditText(输入框)控件生成上下文菜单。

第 35~54 行:通过 onContextItemSelected()方法来响应上下文菜单。其中,第 37 行声明一个 TextView(文本框)控件对象的引用;第 38 行声明一个 EditText(输入框)控件对象的引用;第 41~47 行是对 TextView(文本框)控件绑定上下文菜单的对应操作;第 48~51 行是对 EditText(输入框)控件绑定上下文菜单的对应操作。

例 Chap7_4 程序运行之后的结果界面如图 7-4 所示。其中图 7-4(a)是初始界面,此时只有 TextView(文本框)控件显示了一行文字"ContextMenu 上下文菜单举例",TextView(文本框)控件处则是空白;图 7-4(b)是长按 TextView(文本框)2 秒之后呼出的上下文菜单,共有"剪切"、"复制"、"删除"三个选项,此时选择第二个选项"复制";图 7-4(c)是长按 EditText(输入框)后呼出的上下文菜单,共有"粘贴"和"删除"两个选项;图 7-4(d)是选择

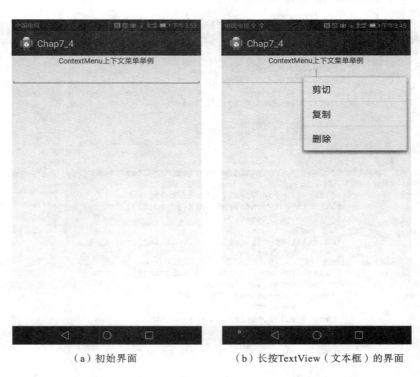

（a）初始界面　　　　　　　　（b）长按TextView（文本框）的界面

图 7-4　例 Chap7_4 程序运行之后的结果界面

（c）长按输入框的界面

（d）执行"粘贴"选项后的结果界面

续图 7-4

"粘贴"选项后，TextView（文本框）中的文本复制到 EditText（输入框）中的界面。

7.5 习　　题

1. 使用多选对话框设计选课界面，要求至少 5 门课程可供选择，当用户选中任何一个复选框时，都使用 Toast 信息提示显示用户选中的是哪一项。

2. 对手机屏幕上显示的一段文字绑定上下文菜单，要求通过上下文菜单能够将字号放大或缩小。

3. 使用 AlertDialog 设计一个对话框，要求模拟登录界面、录入账号和密码并单击"确认"按钮之后，发送一个 Notification（状态栏）通知到状态栏，通过在状态栏单击后，显示登录欢迎界面。

参 考 文 献

[1] 李刚. 疯狂 Android 讲义[M]. 4 版. 北京:电子工业出版社,2019.
[2] 明日科技. Android 开发从入门到精通[M]. 2 版. 北京:清华大学出版社,2017.
[3] 王英强,陈绥阳,张文胜. Android 应用程序设计[M]. 2 版. 北京:清华大学出版社,2016.
[4] 朱凤山. Android 移动应用程序开发教程[M]. 北京:清华大学出版社,2014.